Mario García Salazar
Aide E. Pérez López

Matemáticas para la vida

Mario García Salazar
Aide E. Pérez López

Matemáticas para la vida

Propuesta de capacitación docente desde la pedagogía crítica

PUBLICIA

Cover image: www.ingimage.com

Publisher:
PUBLICIA
is a trademark of
Dodo Books Indian Ocean Ltd. and OmniScriptum S.R.L publishing group

120 High Road, East Finchley, London, N2 9ED, United Kingdom
Str. Armeneasca 28/1, office 1, Chisinau MD-2012, Republic of Moldova, Europe
Printed at: see last page
ISBN: 978-3-639-55536-3

A

Evelia López y José de Jesús Pérez

por su constante e invaluable impulso y apoyo para continuar estudiando

Índice

Presentación

Un proceso inherente al ser humano es buscar e implementar los medios necesarios para que, a las generaciones jóvenes y a las que habrán de venir, se les facilite un poco más su adaptación al medio en que se verán inmersos; en este orden de ideas, la escolarización debería buscar ayudar a insertar a los individuos en la vida social al proveerles de conocimientos y habilidades acordes a la realidad presente con miras a un desarrollo sociocultural continuo.

Ahora bien, centrándonos en nuestro estado, Baja California y específicamente en el municipio de Mexicali, la realidad del logro educativo en matemáticas de secundaria nos indica que aún existe mucho por trabajar, dado que todavía más del 80% de los estudiantes mexicalenses que participaron en las pruebas nacionales a gran escala se ubican en uno de los dos niveles más bajos de desempeño (insuficiente y elemental), de un total de cuatro niveles; esta realidad es extensiva a toda la Entidad.

Afortunadamente se tiene una extensa gama de aportaciones teórico – prácticas en el ámbito educativo que podemos utilizar en favor de solventar las problemáticas encontradas, como la propuesta educativa de Freire que no apunta a cómo mejorar el modelo educativo en torno a la adquisición de conocimientos, sino a cómo hacer que los educandos tomen más consciencia y deseos de transformar el mundo. Educar, según el mismo Freire, es un encuentro donde se busca el conocimiento, donde la tarea del educador es la de problematizar a los educandos y, por ende, al contenido que los mediatiza.

Se trata de una visión radical, de una educación como práctica de la libertad, que ya no es la transferencia o la transmisión del saber, ni de la cultura, no es la extensión de conocimientos técnicos, no es el acto de depositar informes o hechos en los educandos, no es la perpetuación de los valores de una cultura dada, no es el esfuerzo de adaptación del educando a su medio; el enseñar ya no puede ser ese esfuerzo de transmisión del saber acumulado que se hace de una generación a la otra, y el aprender no puede ser la pura recepción del objeto o el contenido transferido (Freire, 1973).

He aquí el momento justo para ofrecer a la sociedad una propuesta de capacitación docente que considere los postulados de la pedagogía crítica – específicamente la visión de la educación de Freire – integrados en actividades para el desarrollo de habilidades sociales y cognitivas. Una propuesta que aprovecha los avances tecnológicos al alcance de la sociedad para ayudarle a la misma sociedad a ser más crítica de sí misma con miras a su continua mejora. Así, los docentes que se den la oportunidad de tomar *el curso – taller para el desarrollo de habilidades cognitivas en los estudiantes de matemáticas de secundaria y bachillerato, con el apoyo de la pedagogía crítica* para su formación integral, serán más reflexivos en su diario quehacer educativo por lo que pueden aplicar técnicas didácticas específicas al momento de presentarse un problema en el aprendizaje de sus alumnos.

Al mismo tiempo, los propios docentes integran las estrategias aprendidas a su experiencia profesional mejorando sustancialmente su función formadora, de tal modo que sus alumnos además de aprender matemáticas saben cómo utilizarlas en su vida cotidiana y, paralelamente, también se convierten en agentes reflexivos, críticos y propositivos de su entorno sociocultural.

Introducción

LOS RESULTADOS EN MATEMÁTICAS DE LAS PRUEBAS A GRAN ESCALA

En la enseñanza para el aprendizaje de las matemáticas se busca propiciar que los alumnos utilicen por su propia cuenta los diversos conocimientos matemáticos en la solución de múltiples ejercicios y en aplicaciones tanto dentro como fuera del aula, pero la realidad da cuenta de una situación muy diferente, ya que por alguna razón los resultados de las pruebas a gran escala en el ámbito internacional del *Programme for International Student Assessment* (PISA), y en el plano nacional de los Exámenes de la Calidad y el Logro Educativos (Excale) y de la Evaluación Nacional del Logro Académico en Centros Escolares (ENLACE), no denotan un uso del conocimiento matemático como el que se esperaba.

Es necesario señalar que los resultados de cada una de estas pruebas no son comparables entre sí, ya que se distinguen entre ellas tanto en sus propósitos de evaluación como en su extensión. Por un lado, la prueba PISA es un estudio periódico y comparativo aplicado en todo el país a estudiantes de 15 años que están por concluir con su educación obligatoria e indaga sobre "la capacidad de extrapolar lo que se ha aprendido a lo largo de la vida y su aplicación en situaciones del mundo real" (Díaz y Flores, 2010, p.14).

En el caso de Excale, ésta es una evaluación de tipo muestral que en secundaria se aplica únicamente en el tercer grado. Es una prueba de aprendizaje que evalúa los contenidos curriculares enfatizados en los planes y programas de estudio nacionales, así como en los libros de texto y en otros materiales educativos (INEE, 2009). Finalmente, ENLACE es una prueba objetiva y estandarizada, de aplicación masiva y controlada que actualmente se aplica en los tres grados de secundaria y en el último grado de la educación media superior; evalúa el resultado del trabajo escolar contenido en los planes y programas oficiales (SEP, 2012a).

En cuanto a los resultados, en la sección de matemáticas de la prueba PISA 2006, México obtuvo el lugar número cuarenta y ocho entre los cincuenta y siete países que participaron en esa ocasión (Díaz, Flores y Martínez, 2007); para el año 2009, México se ubicó en la posición número cincuenta y uno de entre los sesenta y cinco países participantes (Díaz et al., 2010).

Los resultados nacionales de tercero de secundaria en la prueba Excale 2005 y 2008, reportan que más del 50% de los examinados obtuvieron niveles de desempeño básico y por debajo del básico (INEE, 2006; 2009).

Continuando en el plano nacional, la prueba ENLACE, en sus aplicaciones a tercero de secundaria del 2006 al 2009, reportó que más del 90% de los alumnos participantes obtuvieron niveles de aprovechamiento entre insuficiente y elemental. Los alumnos de primero y segundo de secundaria evaluados por primera vez en la prueba del 2009, obtuvieron resultados semejantes al histórico de tercero de secundaria. Cabe señalar que cuando se comparan los resultados del 2006 y 2009 del tercer grado de secundaria, los porcentajes dados por ENLACE señalan un decremento de 5.88 puntos porcentuales en cuanto a alumnos ubicados en los niveles de insuficiente y elemental. (SEP, 2007b; 2010a).

Para el año 2010, el porcentaje de alumnos ubicados en los niveles de insuficiente y elemental, en la misma prueba ENLACE, es del 87.3, mientras que en los siguientes dos años el porcentaje en estos mismos dos niveles sigue mostrando un decremento, de tal forma que en 2012 el porcentaje es de 79.7 (SEP, 2012a).

En el caso de ENLACE en la educación media superior (último grado de bachillerato), el mayor porcentaje de alumnos que contestaron la prueba se ubica también en los niveles de insuficiente y elemental. Como se puede observar en el informe de la SEP (2012b), el porcentaje de dichos alumnos en los años 2008 y 2009 es por arriba del 80%; en 2010 y 2011, este mismo porcentaje desciende, pero se mantiene por arriba del 70%, ya en el 2012 el porcentaje en los mismos dos niveles es de 69.2%. Se puede observar que, a semejanza de los resultados de esta misma prueba en secundaria, el decremento en los porcentajes continúa, pero aun así (tanto para la secundaria como el bachillerato) los resultados se mantienen por arriba del 50% en los mencionados niveles de insuficiente y elemental.

Téngase presente que los resultados de las pruebas aquí descritas (PISA, Excale y ENLACE), no son comparables entre sí (como ya se mencionaba con anterioridad) dados los propósitos y extensión de cada una de ellas. En este entendido, la realidad de Baja California no es muy distante a la del contexto nacional, los resultados de matemáticas de la prueba PISA 2006 muestran que más del 50% de los alumnos que la presentaron se ubicaron ya sea en el nivel 1 o por debajo de éste; aun así, los resultados de la Entidad se posicionaron arriba de la media nacional (Díaz et al., 2007). Para el año 2009, en la misma prueba PISA, más del 50% de los alumnos que participaron se ubicaron en el nivel 1 o por debajo de él, pero en esta ocasión la media Estatal se posicionó por debajo de la media nacional (Díaz et al., 2010).

Ahora bien, en los resultados de matemáticas de la prueba Excale de los años 2005 y 2008, la mayoría (81.3% y 83% respectivamente) de los estudiantes bajacalifornianos de tercero de secundaria que participaron, se ubicaron en los niveles 'por debajo del básico' y 'básico' de dicha prueba (SEP, 2010a; INEE; 2006; 2009).

En el caso de la prueba ENLACE en secundarias de la Entidad, el comportamiento es semejante a los resultados nacionales, en el sentido de que se puede apreciar un decremento en el porcentaje de alumnos ubicados en los niveles de insuficiente y elemental; en el periodo del 2006 al 2009 dicho decremento es de 4.9 puntos porcentuales, aunque todavía más del 90% de los alumnos se ubicaron en los dos niveles mencionados. Esta tendencia continúa en los tres años siguientes, del 2010 al 2012, donde la cantidad de alumnos ubicados en los dos primeros niveles de aprovechamiento disminuyó 5.7 puntos porcentuales, no obstante más del 85% de ellos siguen ubicados en esos niveles dos niveles (SEP, 2007a; 2007b; 2010a; 2012a).

En la misma prueba ENLACE, pero en su aplicación en la educación media superior (último grado de bachillerato) de Baja California, los resultados de matemáticas mantienen la semejanza al comportamiento nacional de este grado, ya que el avance histórico del 2008 al 2012 muestra una disminución de 19.1 puntos porcentuales en la cantidad de alumnos ubicados en los niveles de insuficiente y elemental, así, se puede observar que el porcentaje disminuye de 81.4 en 2008 a 62.3 en 2012 (SEP, 2010b; 2012b).

Indagar algunas posibles causas de los resultados mencionados en los dos niveles educativos (secundaria y bachillerato), resulta por demás extenso para una única investigación, por ello el presente trabajo se enfocó en escuelas secundarias que estuvieran ubicadas en el área de Mexicali. Con este antecedente, se consultaron las bases de datos de ENLACE 2006, 2009 y 2012 (SEP, 2012c) generados en dicha ciudad, observándose que en el año 2006 el 88.29% de los estudiantes que contestaron la prueba de matemáticas se ubicaron en los niveles de insuficiente y elemental, para el 2009 fueron el 86.23% y en el 2012 el 85.53%. Aunque estos resultados reflejan también una tendencia en la disminución del porcentaje de alumnos ubicados en los dos niveles más bajos, nótese que la diferencia de puntos porcentuales es más pequeña con respecto al mismo comportamiento estatal y nacional y aun así está por encima del 85%.

Ahora bien, si la intención de mejorar la educación se encuentra oficialmente plasmada en la Reforma Educativa de la Educación Secundaria 2006, (en el apartado 3.5 se describen con mayor amplitud las intenciones y recomendaciones didácticas del programa de matemáticas de esta reforma) con el diseño de competencias en las que se describen conocimientos y habilidades, donde se hacen referencias a ciertas actividades en que se utilizan recursos tecnológicos y en el que se concibe que los aportes de los programas de matemáticas "apuntan a mejorar la calidad del proceso didáctico o proceso de estudio en el que..., intervienen el profesor, los alumnos y el conocimiento matemático" (SEP, 2006a, p. 26).

Si además se toma en cuenta la existencia y la posibilidad de acceso a múltiples recursos de materiales tangibles y digitales, si continúan los programas de actualización para docentes en servicio con el correspondiente programa de estímulos, queda entonces dirigir la mirada al interior del aula para indagar sobre los actividades que allí se suceden y así obtener una mejor comprensión del acontecer diario en la enseñanza aprendizaje de las matemáticas con el fin de generar conocimiento acerca de lo que allí ocurre y realizar propuestas que lleven a su mejora.

ANTECEDENTES SOBRE LAS ACTIVIDADES AL INTERIOR DE LAS CLASES DE MATEMÁTICAS.

A finales del siglo anterior, Moreno (1997) y De Guzmán (2000) coincidieron en una descripción general de lo que acontece al interior de las aulas de matemáticas, al señalar que en ellas se privilegia el uso de algoritmos, desatendiéndose la solución de problemas, lo que llega a generar alumnos muy buenos en matemáticas mientras no se les exija la resolución de problemas. Por su parte, la solución de problemas usualmente se trata al final de algunos temas, ya que tradicionalmente en las clases de matemáticas se realiza la exposición de contenidos, se ven ejemplos, se plantean ejercicios sencillos y después ejercicios más complicados, finalmente, y si alcanza el tiempo, se tratan los problemas.

Moreno y De Guzmán sostienen que en los centros escolares se propicia principalmente el aprendizaje de "problemas tipo", lo que reduce la participación creativa y original de los estudiantes, donde el obtener una respuesta correcta se vuelve fundamental, lo que conlleva a subestimar el análisis de los procesos utilizados y el aprendizaje a partir del error. Destacan la tendencia a trabajar sólo con los problemas planteados en los libros de texto, con lo cual, reducen o nulifican los planteamientos que pudieran realizar tanto maestros como alumnos. Además, con frecuencia el grado de dificultad y la cantidad de problemas encargados como tarea no corresponde al que se trabajó en clase, son más complejos los que el alumno tiene que resolver por su propia cuenta, y no se revisa la graduación de dificultad de los problemas dejados a los estudiantes, así como tampoco el docente se cerciora de que sus alumnos cuenten con los antecedentes necesarios para poder resolverlos (De Guzmán, 2000; Moreno, 1997).

Para el año 2005, los resultados de la investigación de Vergara (2005) coinciden con lo expuesto por De Guzmán y Moreno. La autora describe que la actividad de los docentes en las clases de matemáticas consiste en dar instrucciones, revisar tareas, ubicar el tema de la sesión, exponer el tema, y hacer preguntas a los alumnos. Dicha actividad se realiza por medio de la exposición verbal con una marcada ausencia de materiales didácticos y de objetos de aprendizaje entendidos como los recursos de apoyo a la enseñanza – aprendizaje generados con diversas herramientas tecnológicas (video, audio, computadora), mismos que pueden ser de tipo tutorial y/o interactivos; además los docentes centran su evaluación en los resultados vertidos en los exámenes, mientras que el control de la disciplina no permite la participación libre de los alumnos.

En el trabajo de Ledezma y Rodríguez (2005) se reportan algunas situaciones que pueden poner en riesgo el éxito de las clases de matemáticas y que coinciden con lo expuesto en párrafos anteriores. Ellos evidencian, desde la poca movilidad física del maestro dentro del salón, hasta la presencia de esquemas de preguntas que sólo favorecen a la buena imagen que tiene de sí el maestro, pero que obstruyen con mucho la participación del alumno con miras a la obtención de un aprendizaje más significativo, contribuyendo, además, a la pasividad e indiferencia con respecto a la clase; terminan con la descripción de errores que comete el docente al momento de su exposición, tales como faltas de ortografía, mala caligrafía, definiciones mal conceptualizadas, solicitud de trabajos privilegiando el formato más que la calidad del contenido, manejo autoritario de la disciplina y el volver rutinarias las actividades dentro del salón.

No se puede argumentar falta de buena intención, por lo menos en el papel, de las diversas reformas educativas que se han sucedido en nuestro país. De hecho, desde que la educación secundaria existe en México, la enseñanza y el aprendizaje de las matemáticas han evolucionado pasando de los enfoques basados en el aprendizaje a través de la repetición mecánica de múltiples ejercicios, hasta el énfasis en el desarrollo de habilidades y competencias matemáticas que incluyen la resolución de problemas, la formulación de argumentos y el empleo de técnicas y tecnologías apropiadas (SEP, 2006a).

Tampoco se puede generalizar algún tipo de escasez de materiales didácticos o de acceso a los mismos. Existen materiales impresos gratuitos como el fichero de actividades didácticas (SEP, 1999) y la secuencia y organización de contenidos (SEP, 1994), generados a partir de la Reforma Educativa de 1993 en nuestro País. En nuestros días, gracias al uso de las tecnologías se tiene acceso a recursos que puede utilizar el docente para explicar, ejemplificar, repasar, ejercitar, contextualizar, y hasta organizar el desarrollo de sus clases, tanto de parte de la SEP en su portal de la reforma de la educación básica (http://basica.sep.gob.mx/reformasecundaria/), como de parte de otro tipo de iniciativas internacionales, nacionales y estatales, en gran cantidad de portales en internet.

Se tienen entonces buenas intenciones en cuanto a lo que deberían poder hacer los estudiantes con sus conocimientos matemáticos; además, las propuestas para abordar la enseñanza – aprendizaje de las matemáticas son múltiples, actuales y con una gran cantidad de recursos a la mano. Ahora bien, en lo expuesto hasta este punto, se puede percibir que no se ha considerado la alternativa de la pedagogía crítica como elemento que puede aportar al buen desempeño dentro del aula de clase. En el siguiente apartado se presentan los fundamentos histórico – teóricos de esta línea de pensamiento.

Un proceso inherente al ser humano es buscar e implementar los medios necesarios para que, a las generaciones jóvenes, y a las que habrán de venir, se les facilite un poco más su adaptación al medio en que se verán inmersos; de aquí la intención básica de la escolarización en la historia de la humanidad: ayudar a insertar a los individuos en la vida social al proveerles de conocimientos y habilidades acordes a la realidad presente con miras a un desarrollo sociocultural continuo. Al igual que en otras épocas, en los tiempos actuales nos enfrentamos a diversas dificultades que nosotros mismos hemos generado y una gran problemática es la visión utilitarista tanto de las cosas como de las personas.

Sí, un efecto del modernismo es la sociedad de consumo, cuyo valor radica en poseer lo nuevo – tanto en objetos como en relaciones personales – tornando en desechable y obsoleto lo que hasta hace algunos días aún era funcional. Sentando así, como lo menciona Brecht (2004), las bases para que la ciencia y la tecnología cambiaran el mundo. El comercio creció, creció el nacionalismo, el trabajo humano comenzó a medirse en términos de productividad y la naturaleza fue dominada.

Tal visión de las cosas tendría como consecuencia la pérdida de la espiritualidad y la deshumanización. La obsesión por el progreso proporcionaba nuevos valores y objetivos, que venían a ocupar el vacío dejado por la fe religiosa. Incluso los vínculos familiares se diluían a medida que el nuevo orden apostaba a cuestiones impersonales tales como el comercio, la industria y la burocracia. Con este enfoque se instaura de forma definitiva un mundo racional, atrapando así a la verdad en una dictadura racionalista (ídem).

En este proceso de modernización, la escuela ha sido una de las instituciones más paradigmáticas. La confianza en la razón y en la capacidad de las personas para conocer el mundo que les rodea hace de la educación una de las ideas centrales del proyecto ilustrado. Desde esta perspectiva, la educación ha de contribuir a superar el oscurantismo de la época anterior, transmitiendo las ideas del progreso y del método científico que se van consolidando a medida que avanza la modernidad. Una sociedad nueva demanda la formación de una persona nueva. En este sentido la educación debe romper los dogmas y tradiciones del antiguo régimen y ceder paso a una pedagogía inspirada en las libertades del pensamiento ilustrado y según Durkheim a una transmisión de valores que sustenten a la sociedad moderna.

Las críticas al proyecto educativo de la modernidad suceden en diferentes fases del desarrollo de la educación como sistema y de la escuela como institución. Una de las corrientes más importantes en este sentido es la teoría crítica creada por Escuela Nueva y la Escuela Activa, basada en gran parte en las ideas de John Dewey, según las cuales, los valores democráticos tienen una importancia sustantiva (Young, 1993). Las teorías de esta línea de pensamiento enfatizan el cambio de la relación educativa entre docentes y alumnos y además tienen muy claras las opciones que deben llevar a sus escuelas. Precisamente la defensa de una educación renovadora frente a la enseñanza tradicional es una de sus aportaciones más destacadas. El fundamento teórico de la escuela nueva fomentó las prácticas innovadoras de Tolstoi, Ferriere, Decroly y Montessori entre otros.

Otro hito importante de la pedagogía crítica, según Brecht (2004), son las teorías de la reproducción. El estructuralismo marxista de Althusser proporciona el primer fundamento teórico del modelo de la reproducción, desarrollado también entre otros por Baudelot- Establet y Bordieu y Passeron. Esta corriente argumenta que la escuela crea *habitus* transferibles a otros campos sociales; en este sentido, desmitifica el postulado impuesto por la modernidad en relación con una escuela garante de oportunidades sociales y económicas para todas las personas y la reducción de la desigualdad en su distribución.

Si bien las teorías de la reproducción han servido para poner de relieve el carácter político de la educación y la falta de neutralidad de las prácticas educativas, su perspectiva estructuralista les ha puesto una camisa de fuerza, en el sentido que perciben la realidad como producto de las estructuras sociales y subestiman la capacidad de las personas para actuar críticamente y transformar su medio.

Giroux (1990) sostiene que la teoría educativa radical adolece de importantes lagunas: la más seria de ellas es su fracaso a la hora de proponer algo que vaya más allá del lenguaje de la crítica y de la dominación. Esta postura ha sido un impedimento para que los educadores de izquierda puedan desarrollar un lenguaje programático para la reforma pedagógica o de la escuela. En adelante Giroux (1990) sostiene que estas debilidades han sido aprovechadas por los conservadores, quienes no solamente han dominado el debate acerca de la naturaleza y cometido de la educación pública, sino que además han sido ellos los que de manera creciente han señalado las condiciones concretas en torno a las cuales se han desarrollado y llevado a la práctica las políticas educativas.

La teoría crítica propiamente dicha, desarrollada en Alemania después de la segunda Guerra Mundial en la llamada Escuela de Frankfurt es de todas formas un pilar fundamental para el desarrollo del pensamiento pedagógico crítico. La Escuela de Frankfurt, adscrita inicialmente al marxismo superó el análisis característico de este fondo ideológico y se dedicó principalmente a construir y fundamentar un discurso crítico de la sociedad industrial, y en su última etapa sobre la sociedad postindustrial. Pero más allá de las posiciones antes apuntadas, el trabajo de la Escuela de Frankfurt ha soltado las ataduras estructuralistas, tratando de mostrar como la escolaridad puede ser educativa en el sentido más pleno: fomentando la capacidad de resolver problemas de los discentes en forma evolutiva. Han explicado mejor los actos educativos y la comunicación entre docentes y discentes (Brecht, 2004).

De la misma manera los teóricos críticos creen que los métodos democráticos de resolución de problemas son los más eficaces para las comunidades, en este sentido guardan un paralelismo teórico con John Dewey. La teoría crítica en particular la creada por Habermas y los pedagogos que se han basado en su obra, ofrece una base para analizar ejemplos reales de interacción en el aula, mismos que pueden identificar limitaciones comunicativas y poner una base para la lingüística educativa crítica (Young, 1993).

El pensamiento crítico en Freire (1970) parte de la idea que la educación nunca puede ser neutral e independientemente de su forma concreta siempre tiene una dimensión política. Freire diferencia básicamente dos prácticas de la educación: La educación para la domesticación y la educación para la liberación del ser humano. La educación para la domesticación funciona como acto de mera transmisión de conocimientos, al que denomina concepto del banquero. El carácter antidialógico de este tipo de instrucción es adecuar al ser humano a su entorno, desactivar su propio pensamiento y matar su creatividad y capacidad crítica a efectos de asegurar en última instancia la continuidad del orden opresor y salvaguardar la posición de las elites dominantes.

Muy interesante resulta el concepto de McLaren (1995), quien enmarca a la pedagogía crítica en un movimiento emergente llamado teoría radical de la educación. Los conceptos de McLaren definen claramente que la pretensión de la pedagogía crítica es examinar a las escuelas en su contexto histórico y como parte de las relaciones sociales y políticas que caracterizan a la sociedad dominante. A su criterio, esta corriente a pesar de no constituir un discurso unificado ha conseguido plantear importantes contradicciones al discurso positivista, ahistórico y despolitizado que suelen utilizar como herramientas de análisis los críticos de la educación liberales y conservadores, mismas que son evidentes en los programas de las facultades de educación.

McLaren sostiene que pese a no ubicarse físicamente en ninguna escuela ni en ningún departamento universitario, la pedagogía crítica constituye un conjunto homogéneo de ideas catalizado por el interés de los teóricos críticos de fortalecer a los débiles y de transformar las desigualdades y las injusticias sociales. Uno de los principios fundamentales que integran la pedagogía crítica es la convicción de que la enseñanza para el fortalecimiento personal y social es éticamente previa a cuestiones epistemológicas o al dominio de las competencias técnicas o sociales que son priorizadas por el mercado.

En síntesis, la pedagogía crítica salta las barreras del absolutismo positivista y el conformismo reduccionista de la fenomenología (Brecht, 2004). Su propuesta teórica emerge como alternativa para describir la realidad, y más allá de eso para abordarla de manera cercana y directa con el fin de transformarla. Para ello, desarrolla un cuerpo crítico que se dirige a la censura de las injusticias provocadas por todo tipo de abusos de poder, violencia, racismo, sexismo.

En su práctica, la pedagogía crítica es capaz de reconocer y potenciar espacios educativos de conflicto, resistencia y creación cultural con lo cual reafirma su confianza en el poder emancipador de la voluntad humana. Si bien, como menciona Brecht, se fundamenta en una base teórica−científica y en unas prácticas educativas que funcionan, no hay pedagogía crítica sin utopía posible. Ésa que permite hacer frente al fatalismo postmoderno y que es como lo afirmó Freire, una pedagogía de la esperanza.

ABORDANDO EL PROBLEMA DESDE LA PERSPECTIVA DE FREIRE

Paulo Freire fue un extraño en el mundo de la pedagogía del siglo XX, pues su entrada a la educación la hace por la parte de la acción social y no por el mundo educativo, sus actores no son los clásicos del sistema educativo, sino personajes desprotegidos socialmente.

La propuesta educativa de Freire no apunta a cómo mejorar el modelo educativo en torno a la adquisición de conocimientos, sino a cómo hacer que los educandos tomen más consciencia y deseos de transformar el mundo. El valoró mucho la importancia del contexto social y trabajó por una sociedad menos perversa, discriminatoria y machista. Sabedor de las necesidades de la sociedad a la hora de ser educados, siempre estuvo cerca de los más necesitados, hablando y escuchando los problemas de esa gente.

La escuela no era el único espacio de conocimiento con lo que identificaba otros espacios (la comunidad, el barrio, la calle, los medios de comunicación, las actividades culturales) que posibilitan la interacción de experiencias entre el currículo escolar y la realidad social.

Sus ideales eran, en pocas palabras:

- La tolerancia que, a nivel político, es la sabiduría o la virtud de convivir con el diferente, para poder pelar con el antagónico.
- Las marcas culturales donde no se permite idealizar las propias marcas ya que al hacerlo sería imposible recibir otras y que éstas sean significativas.
- Las clases dominantes contra la clase popular.
- La alfabetización para con esto producir la concientización en jóvenes y adultos, dándole al sujeto la oportunidad de leer el mundo y solamente así transformarlo.
- Lectura crítica de la realidad, donde se junta la sensibilidad a lo real, necesaria para la comunión de las masas.
- La palabra como acción-reflexión logrando con esto conocer y transformar la realidad.

- La importancia del otro, en la cual hay que partir desde lo que el otro es para proponer una acción y una reflexión, llevando a cabo una transformación de la realidad, una teoría del poder, una teoría de la pedagogía, siempre considerando que el otro es cultura, una cultura distinta.

Como lo comenta Gómez-Martínez (2003), la obra de Freire surge con el fin de tomar conciencia de las fuerzas socioculturales de su época y como intento expreso de indagar, desde el campo pedagógico, sobre las causas que frenaban la transformación de su sociedad, partiendo de un presupuesto fundamental para él: "no pienso auténticamente si los otros tampoco piensan. Simplemente, no puedo pensar por los otros ni para los otros, ni sin los otros. La investigación del pensar del pueblo no puede ser hecha sin el pueblo, sino con él, como sujeto de su pensar" (Freire, 1970; p. 120). Freire articula su pensamiento en el contexto de un sector alienado y oprimido de su sociedad, que acepta la opresión como parte de su ser.

En su proyecto de alfabetización de adultos, Freire desea que, a través de la lectura de la palabra, aprendan también y, ante todo, a leer el mundo; que su hacer se convierta en quehacer. Los principios pedagógicos de Freire, aparte de su aplicación a un aquí y ahora brasileño preciso, se fundamentan en una concepción humanística, en un absoluto respeto por el ser humano, y por ello aplicables a cualquier proyecto educativo.

Por otra parte, históricamente, el proceso educativo es un ejemplo tangible de cómo quienes ostentan el poder han resistido el compartirlo. Tuvieron que pasar tres siglos desde la invención de la imprenta, antes de que se iniciara la entrega del "poder" de la lectura al pueblo. Incluso entonces, la educación pública se articuló en discurso depositario; no se buscaba que el educando iniciara su quehacer hacia una conciencia de su humanidad desde la cual poder leer el mundo, sino que se esperaba instruirle para que se pudiera integrar en estructuras económico-sociales precisas y que fuera capaz de un hacer productivo.

En este sentido el discurso posmoderno, el discurso de Paulo Freire, que desvela las estructuras de dominación y opresión que conformaban el discurso de la modernidad, implica ante todo una revolución social: una radicalización democrática. Freire ve la educación como un aprendizaje en el quehacer, donde "enseñar no es la pura transferencia mecánica del perfil del contenido que el profesor hace al alumno, pasivo y dócil" (Freire, 1993; p. 66), donde el educador no impone la lectura del mundo del libro de texto o su propia lectura del mundo como la única "verdadera".

Paulo Freire, que entiende al ser humano como devenir, lo describe inmerso en un proceso dialéctico consigo mismo: "No somos sólo lo que heredamos ni únicamente lo que adquirimos, sino la relación dinámica y procesal de lo que heredamos y lo que adquirimos" (Freire, 1993; p. 103). La educación, por lo tanto, afirma Freire, debe procurar "un proceso de constante liberación" del ser humano (Freire, 1973; p. 86). Es decir, la lectura del mundo como un quehacer, pues "la problematización es a tal punto dialéctica que sería imposible que alguien la estableciera, sin comprometerse con su proceso" (p. 94).

Consecuente con estos principios, Freire rechaza luego la dicotomía que de hecho se establece al encasillar a los seres humanos en el desarrollo educativo a través de una concepción "bancaria" de la educación: la formación de seres en el mundo (adaptados al mundo), en lugar de seres creadores de mundo (Freire, 1970; p. 78). El objetivo de los sistemas tradicionales de educación es conseguir la adaptación del educando al mundo. El educando visto como objeto de la educación, como recipiente receptor de una aproximación depositaria, ser pasivo en un proceso de entrega y aceptación. Todo proceso de adaptación implica, por una parte, como señala con ironía Freire, la existencia de una realidad acabada, pero también un negar al educando su derecho a transformar el mundo.

La realidad dentro de las aulas de matemáticas refleja una situación diferente a la intencionalidad con la cual se pudiera trabajar al interior de las aulas propuesta por Freire; el logro educativo no es lo esperado (por lo menos en las pruebas a gran escala), se sigue privilegiando la exposición de parte del maestro (en muchos casos), continuando con la fórmula de expongo – hacen ejercicios fáciles – hacen ejercicios más difíciles (según mis indicaciones) – y resuelven problemas si alcanza el tiempo, reduciendo así la participación creativa y original de los estudiantes, y contribuyendo a la pasividad e indiferencia con respecto a la clase.

Finalmente, consideramos que, desde los ideales y compromisos de Freire, el enseñar ya no puede ser ese esfuerzo de transmisión del saber acumulado que se hace de una generación a la otra, y el aprender no puede ser la pura recepción del objeto o el contenido transferido. Es decir, se trata de una visión radical, de una educación como práctica de la libertad, que ya no es la transferencia o la transmisión del saber, ni de la cultura, no es la extensión de conocimientos técnicos, no es el acto de depositar informes o hechos en los educandos, no es la perpetuación de los valores de una cultura dada, no es el esfuerzo de adaptación del educando a su medio (Freire, 1973). Educar es un encuentro donde se busca el conocimiento, donde la tarea del educador es la de problematizar a los educandos y, por ende, al contenido que los mediatiza.

POSTURA EN CUANTO A LA PROBLEMÁTICA ESTUDIADA

Una realidad frecuente en los salones de matemáticas del nivel secundaria es el esfuerzo memorístico carente de significado donde los resultados son lo único que importa, circunscribiendo así al conocimiento a un mero saber hacer, pero sin un porqué que lo sustente y sin un para qué que lo pueda significar. En estas circunstancias no extrañe a nadie que los alumnos en casa no sepan qué hacer con la tarea o que después del examen se les olvide lo que ya "habían aprendido", menos aún que existan las quejas constantes de que "al maestro no se le entiende" y que los resultados en las diversas pruebas, en pequeña o gran escala, disten mucho de lo esperado.

Por otro lado, se pueden entrever esfuerzos de docentes para organizar las actividades en el marco del trabajo donde los alumnos cooperan entre sí, donde el profesor plantea un problema que sus alumnos no pueden resolver, por lo que recurre a otras cuestiones más fáciles relacionadas con el mismo problema y de cuya solución los alumnos darán con la respuesta al planteamiento original, pero no existe ningún tipo de construcción significativa del conocimiento. Esta forma de actuar no logra maximizar el efecto positivo del proceso enseñanza-aprendizaje.

Es cierto que la educación no es la panacea donde está el final de todos los problemas; pero es necesario reconocer que ella juega un papel estratégico en la construcción de la conciencia crítica, en la superación de la hipnotización colectiva y es que sólo desde el aula de clases, donde un grupo de seres humanos confluyan con sus pensamientos e ideas del mundo y de la construcción de saberes a partir de la reflexión y el enriquecimiento mutuos, se puede superar el impacto tan fuerte que este nuevo "cambio de época" nos impone como único medio de concebir el mundo, para construir una sociedad que realmente cree cohesión y tenga sentido suficiente para trascender hacia otras dimensiones del desarrollo humano permeadas por la libertad ser el mundo, su destino, y la regulación.

Por lo mencionado en el párrafo anterior, la propuesta de Freire se sigue revelando como primordial para el proceso de enseñanza – aprendizaje y muy específicamente en el proceso al interior de las aulas de matemáticas. La propuesta de Freire se contrapone al concepto de educación bancaria claramente priorizada por muchos docentes en matemáticas. La educación problematizadora de Freire, implica un continuo cuestionamiento sobre uno mismo y sobre el entorno de manera constante. Su propuesta es que los seres humanos desarrollen la capacidad de comprender críticamente como existen en el mundo, que aprendan a ver el mundo no como realidad estática, sino como procesos de cambios.

El concepto clave de esta concepción es la concientización, vista como el proceso de aprendizaje necesario para comprender contradicciones sociales y tomar medidas contra las relaciones opresoras. Para Freire, la educación debe ser un aporte inmediato al desarrollo social en un sentido emancipatorio de quienes están marginados socialmente que, en nuestro caso de estudio, dichos marginados son los estudiantes a quienes se les niega la posibilidad de la concientización de sus propios procesos cognitivos y por ende la concientización crítica de su realidad.

En este contexto nos planteamos las siguientes interrogantes:

Preguntas de investigación

¿Los maestros en matemáticas de secundaria…

- …están satisfechos con el logro educativo obtenido por sus estudiantes?
- … consideran que tienen buen desempeño como docentes?

- ...perciben como adecuados la organización, planeación e impartición de los cursos de capacitación a los que asisten?
- ...están dispuestos a continuar su actualización docente a través de algún curso específicamente diseñado?

En la reflexión de las preguntas arriba mencionadas, se definen los siguientes:

Propósitos

1. Diseñar y aplicar una encuesta de la que se pueda obtener un índice de satisfacción en el desempeño de la docencia en matemáticas.
2. Analizar los resultados de la encuesta contrastando hipótesis.
3. Proponer una estrategia de intervención desde la pedagogía crítica que coadyuve en la mejora de la calidad en la enseñanza – aprendizaje de las matemáticas.

Hipótesis

Con la intención de dar respuesta a las preguntas guía de esta investigación se plantea la siguiente serie de hipótesis:

- Hipótesis 1

H_0: Los maestros en matemáticas no están satisfechos con el logro educativo de sus alumnos.

H_1: Los maestros en matemáticas están satisfechos con el logro educativo de sus alumnos.

- Hipótesis 2

H_0: Los maestros en matemáticas no están satisfechos con su propio desempeño como docentes.

H_1: Los maestros en matemáticas están satisfechos con su propio desempeño como docentes.

- Hipótesis 3

H_0: Los maestros en matemáticas no están satisfechos con la forma en que se imparten los cursos de capacitación.

H_1: Los maestros en matemáticas están satisfechos con la forma en que se imparten los cursos de capacitación.

- Hipótesis 4

H_0: Los maestros en matemáticas no están dispuestos en participar en más cursos de capacitación.

H_1: Los maestros en matemáticas están dispuestos en participar en más cursos de capacitación.

1. Estudio de factibilidad

CONTEXTO

Ubicación geográfica

El Estado de Baja California está situado en la región noroeste de la república y en la parte septentrional de la Península del mismo nombre, el estado de Baja California limita al norte con la frontera de Estados Unidos de América, al este por el río Colorado y el mar de Cortés, al sur por el paralelo 28 y al oeste por el océano Pacífico.

Marca la frontera internacional la línea trazada del monumento 206 (32.0 43' 19" de latitud y 114.0 43' 19" de longitud oeste), en la margen derecha del río Colorado, hasta el monumento 258 (32.0 32' 04" de latitud y 117.0 07' 19" de longitud oeste), en la playa de Tijuana.

Entre uno y otro monumento hay una distancia de 233.4 km La colindancia con el estado de Arizona, por el cauce del río Colorado, es de 28.5 km, de modo que la frontera con Estados Unidos tiene un total de 251.9 km. El paralelo 28, límite meridional del Estado, va de 112.0 45' 15" a 114.0 12' 30" de longitud. La extensión de sus litorales es de 720 km. en el Océano Pacífico y 560 km. en el Golfo de California, lo cual, sumando los 176 Km. de litorales en las Islas de ambas vertientes, hace un total de 1,556 Km.; y la plataforma continental - fondo marino entre 0 y 200 mt de profundidad - comprende 24,832 km^2.

La superficie total de su territorio es de 70,113 km^2 sin incluir su territorio insular.

El Estado de Baja California está conformado de 5 Municipios: Mexicali que constituye la Capital del Estado, Tijuana, Tecate, Ensenada y Playas de Rosarito.

Posición Geográfica en Territorio Nacional:

Al Norte:	Paralelo 32° 43'	(Estados Unidos)
Al Sur:	Paralelo 28°	(Baja California Sur)
Al Este:	Meridiano 112° 45'	(Golfo de California)

Al Oeste Meridiano 117° 19' (Océano Pacífico)

Durante siglos el Río Colorado fertilizó estas tierras que terminaron por convertirse en el centro productor de algodón más importante del mundo. Norteamericanos, chinos, mexicanos, hindúes y japoneses estaban tan atareados produciendo, que olvidaron formalizar la fundación de la Ciudad. Jugando con las palabras México y California decidieron ponerle Mexicali, y años después se estableció el 14 de Marzo de 1903 como fecha oficial de su fundación.

Mexicali se convirtió en la capital de Baja California. Es una Ciudad progresista cuya vocación transitó de lo agrícola a lo industrial.

División política municipal

El municipio de Mexicali está ubicado en la región del Valle de Mexicali en el extremo noreste del estado de Baja California, y colinda al norte y noreste con los Estados Unidos, al norte con el Condado de Imperial del estado de California y al noreste con el Condado de Yuma del estado de Arizona; al este con el municipio de San Luis Río Colorado, del estado de Sonora y el Golfo de California; al sur con el Golfo de California y el municipio de Ensenada; al oeste con los municipios de Tecate y Ensenada.

El municipio tiene una superficie de alrededor de 13.700 kilómetros cuadrados, lo cual representa cerca del 18% de la superficie del estado, y 0,7% del país, superficie que supera a la que cubren individualmente los estados de Aguascalientes, Colima, Distrito Federal, Morelos, Querétaro y Tlaxcala. El municipio de Mexicali es el más septentrional de México pues en su territorio se ubica el punto más extremo del país hacia el norte y que es el denominado Monumento 206, ubicado en las coordenadas 32° 43' 06" de latitud norte.

Los litorales del municipio son únicamente por el Golfo de California con una longitud aproximada de 210 km. Además, corresponden a sus jurisdicción las islas localizadas en este Golfo, que cubren aproximadamente 11.000 ha.

Índice de población

De acuerdo con el Instituto Nacional de Estadística y Geografía (INEGI) y a los resultados del Conteo de Población y Vivienda realizado en 2010, el

Estado de Baja California cuenta con una superficie continental de 71,445.88 km cuadrados y su población alcanza los 3'155,070 de personas.

Por su parte, el municipio de Mexicali cuenta con una superficie continental de 14,541.44 km cuadrados; su población total es de 936,826 habitantes, de los cuales 473,203 son hombres y 463,623 son mujeres; por tanto, su porcentaje de población masculina es de 50.3%, la tasa de crecimiento poblacional anual entre 2000 y 2010 ha sido del 2.0%.

De acuerdo a los resultados del Conteo de Población y Vivienda realizada por el Instituto Nacional de Estadística y Geografía realizado en 2010, la población total del municipio de Mexicali es de 936,826 habitantes, de los cuales 473,203 son hombres y 463,623 son mujeres; por tanto, su porcentaje de población masculina es de 50.3%, la tasa de crecimiento poblacional anual entre 2000 y 2005 ha sido del 2.0%, el 28.0% de la población es menor de 15 años de edad, mientras que entre esa edad y los 64 años está el 61.3%, el 89.2% de los pobladores residen en localidades de más de 2,500 habitantes y por ello consideradas urbanas y el 0.5% de la población mayor de cinco años de edad es hablante de alguna lengua indígena.

Actividades económicas

Las principales actividades económicas del municipio son: agricultura, ganadería, producción de miel, producción forestal y actividades de manufactura.

Según el censo económico 2009 el total de ingresos en miles de pesos en el municipio (exceptuando actividades gubernamentales) fue de 2'458,090; del mismo modo el total de gastos fue de 1'180,846. De manera más particular, en el mismo censo y exceptuando las actividades gubernamentales, el ingreso reportado de 0 a 2 personas fue de 334,049 pesos mientras que el gasto fue de 191,350 pesos, la actividad del sector terciario (comercio, servicios y turismo) que absorbe al 52.10% de la población ocupada, a su vez el 44% se emplea en servicios de hoteles y restaurantes. Cuenta con 53 hoteles con una oferta superior a los 3,000 cuartos.

El sector hortofrutícola es una de las actividades de mayor éxito en Mexicali; cebolla y espárragos verdes están entre los cultivos más importantes, el algodón y el trigo siguen siendo cultivados, pero han expresado los agricultores de estos que hay una falta de garantías, colaboraciones y precios por parte del gobierno en precios llevando esto a manifestaciones y tomas de protestas durante todo el año. Hay una feria anual de la agroindustria en marzo de interés en todo México y los Estados.

La perspectiva actual del crecimiento económico de Mexicali está ligada con las inversiones anuales de empresas principalmente de electrónicos que establecen sus plantas de ensamblaje para la exportación principalmente a Estados Unidos.

Desarrollo social

Los primeros años fueron aislados de todo movimiento cultural. La infraestructura con que se contaba no era suficiente para satisfacer demanda de una comunidad en desarrollo. En 1975 el Gobierno crea un departamento para la investigación y difusión de la cultura en general: la Dirección de Difusión Cultural del Gobierno del Estado de Baja California, a la cual se le dio personalidad jurídica para el cumplimiento de sus funciones. En la actualidad se aloja en las oficinas generales del ICBC y la Galería de la Ciudad.

En la ciudad es sede de uno de los festivales más importantes a nivel internacional de rock progresivo Baja Prog, una serie de conciertos de rock progresivo de bandas mexicanas, y cantantes de otros países.

Ámbito educativo

En Baja California, durante el ciclo escolar 2011-2012, se atendieron 688 mil 995 alumnos en Educación Básica, 108 mil 884 niños acuden a preescolar, 404 mil 566 a primaria y 175 mil 545 jóvenes a secundaria. Preescolar constituye el 15.8% de la matrícula. Primaria es el nivel educativo de mayor dimensión, al concentrar el 58.7%, y secundaria representa el 25.5%. Esta matrícula del sistema escolarizado es atendida por 32 mil 230 docentes, de los cuales 4 mil 930 pertenecen al nivel de preescolar, 15 mil 299 a primaria y 12 mil 001 al nivel de secundaria, distribuidos en 3 mil 747 escuelas.

En cuanto a la formación continua de los profesores de secundaria del sistema oficial en Mexicali (del mismo modo operan los diversos maestros del Estado), ellos participan en los cursos de que el Sistema Educativo Estatal promueve a través de los Centros de Maestros y también los que dicho centro organiza con la gestión de la Facultad de Pedagogía e Innovación Educativa de la Universidad Autónoma de Baja California (UABC).

Es de interés general para los docentes en matemáticas de secundaria, trabajar de tal forma los diversos contenidos de la asignatura que el aprendizaje de sus alumnos refleje las competencias plasmadas en el plan y programa de estudios. Una de las formas de medir el logro educativo de los estudiantes es a través de las pruebas a gran escala como las del *Programme for International Student Assessment* (PISA) y la Evaluación Nacional del Logro Académico en Centros Escolares (ENLACE).

En cuanto a los resultados, en la sección de matemáticas de la prueba PISA 2006, México obtuvo el lugar número 48 entre los 57 países que participaron en esa ocasión (Díaz, Flores y Martínez, 2007); para el año 2009, México se ubicó en la posición número 51 de entre los 65 países participantes (Díaz y Flores, 2010); y en el 2012, en el escaño 53 de 65 (Organización para la Cooperación y el Desarrollo Económicos, OECD, 2012).

Delimitando el logro educativo en matemáticas a Baja California, los resultados históricos en secundaria de la prueba ENLACE aunque ciertamente muestran algo de avance, históricamente señalan que más del 80% de los estudiantes que la han contestado aún se ubican en los dos niveles más bajos – de cuatro – de logro académico para esta prueba, a saber: nivel insuficiente y elemental, como se muestra en la gráfica 1.

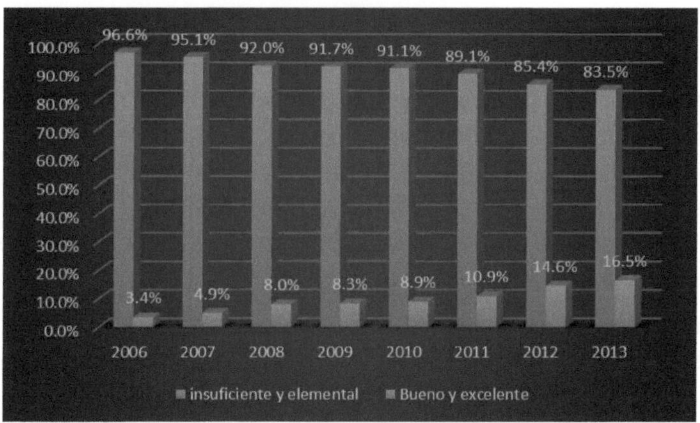

Gráfica 1. Porcentaje de alumnos de 1ro, 2do y 3er grados de secundaria en Baja California agrupados por niveles de logro educativo (Fuente: SEP, 2015)

Ahora bien, un primer problema que se le puede presentar a los estudiantes con estos antecedentes es que, si ingresan a media superior, probablemente continúen mostrando bajos niveles de logro educativo, amén de que el conocimiento no está bien consolidado y para cuando lleguen a la universidad, las matemáticas se vuelven factor de decisión de carrera (si no veo matemáticas sí lo estudio) o son las causantes de los índices de reprobación y deserción. Independientemente que no lograron acceder a procesos mentales superiores acordes al estudio de esta ciencia, mismos que les pueden facilitar o permitir acceder a otra gama de oportunidades laborales y de desarrollo personal.

La realidad es que el logro educativo en matemáticas de secundaria en Baja California – por ende en Mexicali – no es el esperado, lo que afecta a corto plazo y de forma directa la vida académica de los estudiantes dadas las dificultades para continuar con sus estudios y, a mayor plazo, con el desempeño en su vida profesional o laboral. De aquí entonces la necesidad de construir un programa de intervención con docentes en matemáticas de secundaria, en la ciudad de Mexicali, que incluya los principios teóricos de la pedagogía crítica en el ámbito de la implementación de estrategias específicas de enseñanza – aprendizaje para las matemáticas.

Factibilidad

Método de investigación

La presente investigación es de corte cuantitativo dado que utiliza la recolección de datos para probar hipótesis con base a una medición numérica y el análisis estadístico (Hernández, Fernández y Baptista, 2006); para obtener la muestra a estudiar en el presente trabajo, se eligieron al azar maestros que enseñan matemáticas en alguna escuela de Mexicali, en los niveles educativos de primaria y secundaria.

Los maestros seleccionados para este estudio contestaron una encuesta (ver en la siguiente página) donde se les cuestionó sobre su grado de satisfacción con respecto al logro educativo de sus estudiantes; a su propio desempeño como docentes; a las formas en que se imparten los diversos cursos de capacitación, y con relación a su disposición por continuar participando en cursos o talleres para seguir fortaleciendo sus habilidades docentes.

Encuesta de satisfacción en el desempeño de la docencia en matemáticas

Respetable maestro: la presente encuesta forma parte de una investigación que tiene como objetivos 1) sondear el grado de satisfacción con respecto a su desempeño docente y 2) recabar información con respecto a su nivel de satisfacción respecto a los resultados obtenidos por sus alumnos. Esta es una encuesta totalmente anónima, por lo que le solicitamos muy atentamente conteste con absoluta veracidad cada pregunta.

1. ¿Con cuántos años de experiencia como docente de matemáticas cuentas?

a) 1 – 3 b) 4 – 6 c) 7 – 9 d) 10 o más

2. ¿En qué municipio de Baja California trabajas como docente de matemáticas?

a. Mexicali
b. Tecate
c. Ensenada
d. Tijuana

Marca con una **X** la opción que mejor represente tu grado de satisfacción en cada situación

Pregunta	insatisfecho	algo satisfecho	indiferente	algo satisfecho	muy satisfecho
3. Al inicio de los ciclos escolares, ¿qué tan satisfecho estás con respecto al nivel de conocimientos matemáticos de tus nuevos alumnos?					
4. Siguiendo con los estudiantes, ¿qué tan satisfecho te encuentras con su logro académico (que se refleja en las calificaciones) al final de los ciclos escolares?					
5. De acuerdo con lo que tú observas, ¿qué tan satisfecho estás con el logro educativo en matemáticas de todos los estudiantes en la escuela donde trabajas?					
6. Y con el apoyo e interés que prestan los directivos de tu escuela ante los resultados en matemáticas de tus					

alumnos, tu grado de satisfacción al respecto es…					
7. En tu tiempo como docente en matemáticas ¿qué tan satisfecho te encuentras con tu desempeño?					
8. Con el desempeño de tus alumnos en los diferentes ciclos escolares donde has impartido clases ¿qué tan satisfecho estás con sus resultados?					
9. Tomando en cuenta los cursos de capacitación en que has participado en los últimos dos años, ¿qué tan satisfecho te encuentras con respecto a la calidad de los mismos?					
10. Los contenidos de esos cursos de capacitación en que has participado ¿qué tanto han satisfecho tus expectativas de formación?					
11. Con respecto al dominio de los contenidos que mostró el instructor en los cursos de capacitación en que has participado ¿qué tan satisfecho estás?					

12. Por favor, escribe el nombre de los cursos de capacitación a los que hayas asistido en los últimos 2 años

13. Además de los cursos a los que se te pida asistir, ¿estarías dispuesto a participar en algún otro donde traten temáticas no consideradas anteriormente?

sí no

14. ¿En qué temáticas quieres seguirte capacitando?

a. Estrategias didácticas
b. Uso de tecnologías en el aula
c. Nuevos enfoques pedagógicos
d. Temas específicos de matemáticas.
e. Otro ¿cuál? ______________________________

15. ¿Por cuál modalidad de estudio optarías para un nuevo curso de capacitación? (selecciona una opción)

f. Presencial

g. Semipresencial

h. A distancia

16. ¿Para ti cuántas horas a la semana sería lo ideal para dedicarle al curso?

a) 2 – 4 hrs. b) 4 – 6 hrs. c) 6 – 8 hrs.

Resultados

Para el análisis estadístico de los datos se utilizó el programa IBM SPSS Statistics 22, en donde se contrastaron los datos correspondientes a cada variable de las hipótesis mediante la prueba de chi cuadrada (X^2); en esta prueba se utilizaron los *valores p para la toma de decisiones* (itchihuahua, 2016; UPRM, 2016) en donde se considera que:

$$p \leq \propto \Rightarrow \text{ se rechaza la } \mathrm{H}_0 \text{ al nivel de } \propto$$

$$p > \propto \Rightarrow \text{ se acepta la } \mathrm{H}_0 \text{ al nivel de } \propto$$

En este estudio $\propto = 0.05$. Los resultados son los siguientes:

De la hipótesis 1

Para esta prueba se consideraron las respuestas a las preguntas 3, 4, 5, 6 y 8, dando 0.030 como valor para la X^2 con un nivel de significatividad (*p*) de 0.862 (ver tabla 1), como *p* es mayor que 0.05 se acepta entonces la hipótesis nula, así, podemos afirmar que:

H_0: Los maestros en matemáticas no están satisfechos con el logro educativo de sus alumnos.

	Satisfecho / no satisfecho con el logro académico de los estudiantes
Chi-cuadrado	.030[a]
gl	1
Sig. asintótica	.862

Tabla 1. Resultados de la prueba X^2 en la hipótesis 1

DE LA HIPÓTESIS 2

Para esta prueba se consideraron las respuestas a la pregunta 7, dando un valor de 5.121 en la prueba de X^2, con un nivel de significatividad de 0.024 (ver tabla 2), y dado que el valor de *p* es menor a 0.05 se rechaza la hipótesis nula, de este modo se puede afirmar que:

H_1: Los maestros en matemáticas están satisfechos con su propio desempeño como docentes.

	satisfecho / no satisfecho con el propio desempeño como docente
Chi-cuadrado	5.121[a]
gl	1
Sig. asintótica	.024

Tabla 2. Resultados de la prueba X^2 en la hipótesis 2

DE LA HIPÓTESIS 3

Para esta prueba se consideraron las respuestas de las preguntas 9, 10 y 11, dando un valor de 0.758 en la prueba de X^2 y con un valor de *p* igual a 0.384 (ver tabla 3), por lo tanto, dado que *p* es mayor a 0.05, se acepta la hipótesis nula que dice:

H_0: Los maestros en matemáticas no están satisfechos con la forma en que se imparten los cursos de capacitación.

	satisfecho / no satisfecho con cursos de capacitación
Chi-cuadrado	.758[a]
gl	1
Sig. asintótica	.384

Tabla 3. Resultados de la prueba X^2 en la hipótesis 3

DE LA HIPÓTESIS 4

Para esta prueba se consideraron las respuestas a la pregunta 13, dando un valor de 29.121 en la prueba de X^2 y con un valor de *p* igual a 0.000 (ver tabla 4), considerando que el valor de *p* es menor a 0.05, se rechaza la hipótesis nula y entonces se puede afirmar que:

H_1: Los maestros en matemáticas están dispuestos en participar en más cursos de capacitación.

	13. Además de los cursos a los que se te pida asistir, ¿estarías dispuesto a participar en algún otro donde traten temáticas no consideradas anteriormente?
Chi-cuadrado	29.121[a]
gl	1
Sig. asintótica	.000

Tabla 4. Resultados de la prueba X^2 en la hipótesis 4

Relacionado con esta hipótesis 4, donde los maestros sí están dispuestos a continuar con su capacitación continua como docentes, en la encuesta que se aplicó también se les preguntó a los maestros acerca de temáticas por las que están interesados estudiar, la modalidad y la cantidad de horas que le pueden dedicar a los cursos de capacitación. Las respuestas se describen en los siguientes párrafos.

El porcentaje de interés que tienen los maestros por estudiar alguna temática en específico para su capacitación se presenta en la Gráfica 2, misma que se construyó con las respuestas dadas en la pregunta número 14 de la encuesta aplicada. En ella podemos ver que el 60.61% está interesado en cuestiones relativas a las estrategias didácticas; 6.06% en el uso de tecnologías en el aula; 3.03% en nuevos enfoques pedagógicos; 15.15% en temas específicos de matemáticas y, finalmente, el 15.15% en otros temas.

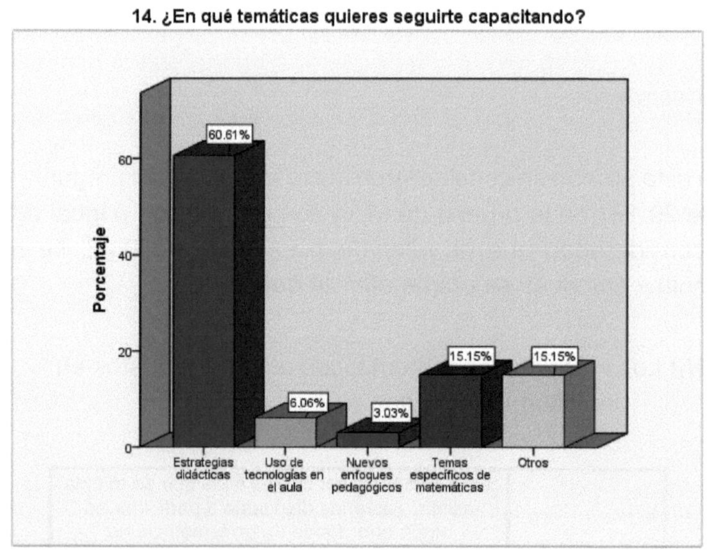

Gráfica 2. Temáticas en las que los docentes quieren continuar su capacitación.

Además, en la pregunta 15 de la encuesta contestada, los maestros optaron por una modalidad de impartición para los cursos de sus próximas capacitaciones (ver Gráfica 3), así, la forma semipresencial fue la más solicitada con un 50.0%, seguida de la presencial que contó con un 43.75% de preferencia y la totalmente a distancia con un 6.25%

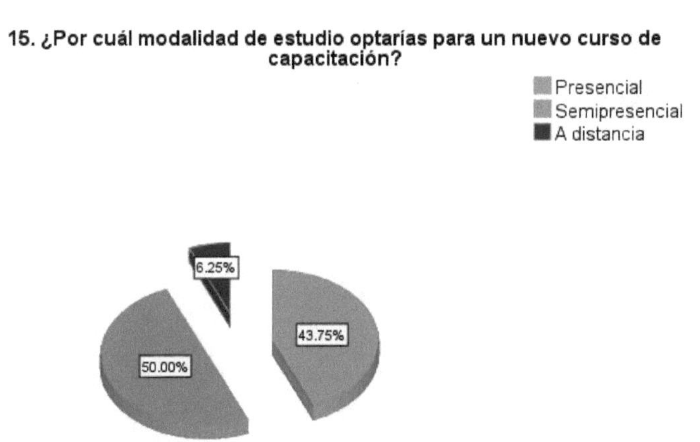

Gráfica 3. Preferencia de la modalidad de impartición de los cursos de capacitación

Por otro lado, es necesario tomar en cuenta la cantidad de horas semanales que los maestros estarían dispuestos a dedicarle a sus cursos de preparación. Para ello, en la pregunta 16 (Gráfica 4) se cuestionó al respecto, teniendo como resultado más alto el dedicarle de 4 a 6 horas a la semana con un 46.87% de preferencia; seguido por el tiempo de 2 a 4 horas con un 37.50%; mientras que la posibilidad de otorgarle de 6 a 8 horas a cualquier curso de actualización es del 15.62%.

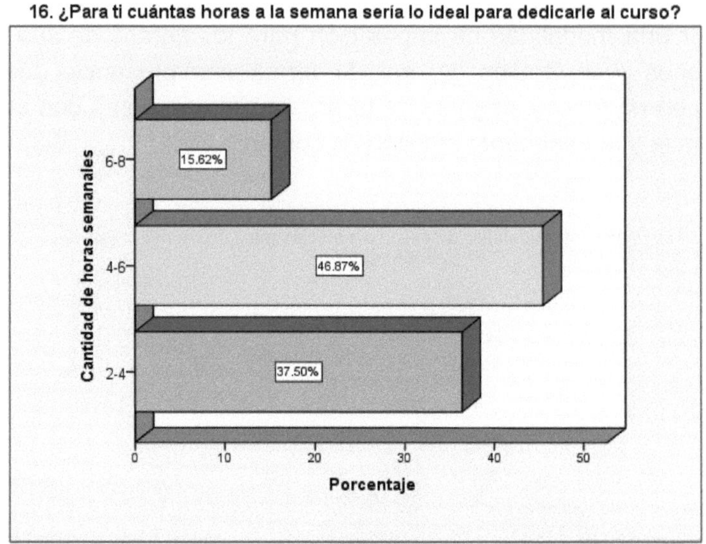

Gráfica 4. Preferencia de cantidad de horas semanales para cursos de capacitación

Conclusiones

Con base en los resultados de las pruebas de hipótesis, se puede afirmar que los docentes en matemáticas que participaron en esta encuesta sí están satisfechos con su desempeño dentro del salón de clases (De la hipótesis 2), pero no lo están ni con el logro educativo de sus alumnos (De la hipótesis 1), ni con la forma en que se imparten los cursos de formación en los que han participado (De la hipótesis 3). Ahora bien, la mayoría coincide en la disposición por continuar su capacitación (De la hipótesis 4) a través de otros cursos con temáticas alusivas a estrategias didácticas, a cuestiones de matemáticas u otras temáticas (Gráfica 2). Para ello, se requiere considerar que la modalidad de los cursos sea semipresencial (Gráfica 3) y su dedicación semanal oscile entre 4 y 6 horas (Gráfica 4).

Impacto

El impacto del presente proyecto afectará positivamente a todo docente interesado en la enseñanza de las matemáticas porque le proveerá de algunas herramientas teórico – prácticas consideradas importantes en el desarrollo académico de los estudiantes. Así, a través del análisis consciente de las propias clases, los profesores no serán los únicos beneficiados, también sus alumnos, dado que en las actividades del aula irán aprendiendo a trabajar cooperativamente, a continuar construyendo habilidades mentales de orden superior como la metacognición y a efectuar sus actividades cotidianas en el marco de la reflexión de algunos supuestos teóricos de la pedagogía crítica.

Los resultados se podrán observar desde el mismo desarrollo del curso, ya que está organizado de tal forma que el docente aplique en sus clases los principios y propuestas que en un momento específico se estén estudiando; por esto, podemos afirmar que el impacto del presente proyecto no se limitará a un área geográfica específica, en el entendido que el mismo se ofertará totalmente en línea – además de la modalidad semipresencial según la demanda de los interesados – y ello permite llegar tan lejos como la difusión del propio curso alcance.

Finalmente, la sociedad en torno a los afectados por esta propuesta, también se verá beneficiada al contar con individuos capaces de trabajar reflexivamente sobre el propio quehacer diario y con un esquema de valores como el respeto, la igualdad, la inclusión entre otros que se irán incorporando de manera natural.

2. Denominación del proyecto

DEFINICIÓN DEL OBJETO DE ESTUDIO

Según datos del Sistema Educativo Estatal (SEE, 2015) de Baja California, en el Estado para el inicio del ciclo escolar 2015 – 2016 existen 6,330 grupos de educación secundaria, de los cuales 1,806 se localizan en el municipio de Mexicali (ver Tabla 5)

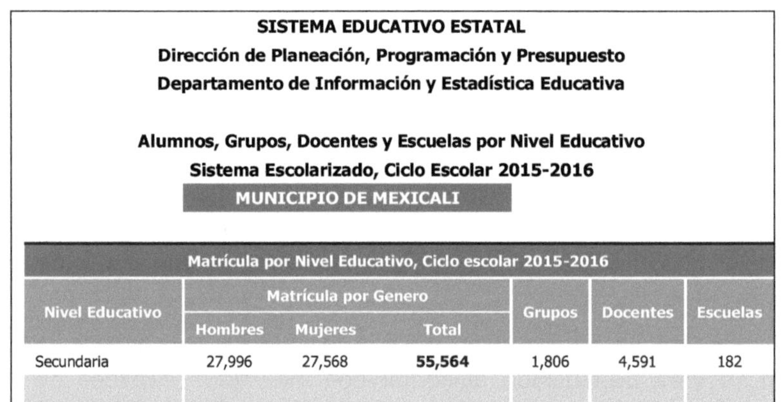

SISTEMA EDUCATIVO ESTATAL
Dirección de Planeación, Programación y Presupuesto
Departamento de Información y Estadística Educativa

Alumnos, Grupos, Docentes y Escuelas por Nivel Educativo
Sistema Escolarizado, Ciclo Escolar 2015-2016
MUNICIPIO DE MEXICALI

Matrícula por Nivel Educativo, Ciclo escolar 2015-2016

Nivel Educativo	Matrícula por Genero			Grupos	Docentes	Escuelas
	Hombres	Mujeres	Total			
Secundaria	27,996	27,568	**55,564**	1,806	4,591	182

Tabla 5: Alumnos, grupos, docentes y escuelas de nivel secundaria en Mexicali, ciclo 2015-2016

Dicha cantidad de grupos implica la existencia de la misma cantidad de cursos de matemáticas que se tienen que impartir – aunque no requiere igual número de maestros de matemáticas –, esto se debe a que tanto en el Mapa Curricular de la Educación Básica 2011 (SEP, 2011b) (ver Imagen 1) y en el correspondiente al 2016 (SEP, 2016) (ver Imagen 2), así como en anteriores reformas educativas, en los tres niveles de educación secundaria se imparte la asignatura de matemáticas. Y ello sin contar los grupos a los que en el bachillerato les correspondería estudiar algún área específica de matemáticas.

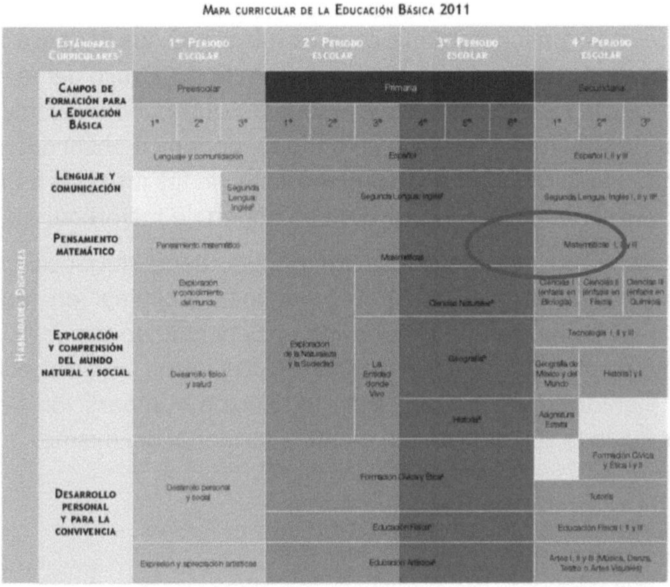

MAPA CURRICULAR DE LA EDUCACIÓN BÁSICA 2011

Imagen 1: mapa curricular de la Educación Básica 2011 (SEP, 2011b)

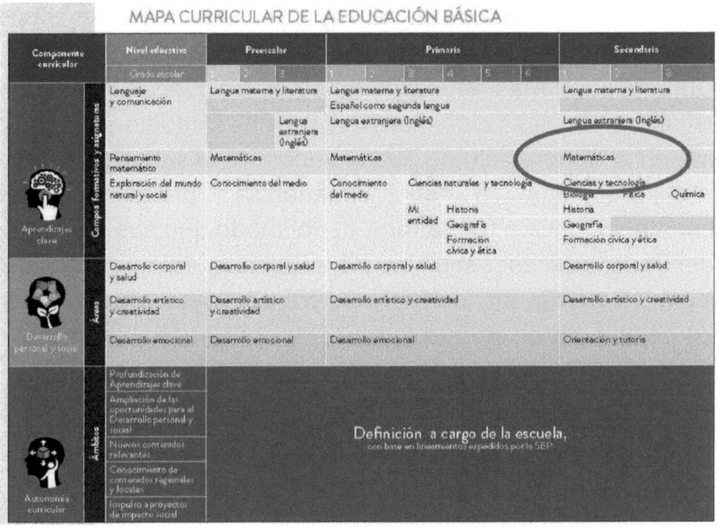

MAPA CURRICULAR DE LA EDUCACIÓN BÁSICA

Imagen 2: Mapa curricular de la Educación Básica 2016 (SEP, 2016)

Estamos en un momento histórico en la enseñanza de las matemáticas donde se comienza a dejar atrás modelos didácticos de tipo bancario, para acceder a otros en los que se busca la reflexión, la construcción y el uso del conocimiento matemático como la gran herramienta que es para la solución de problemas, para la toma de decisiones, para el desarrollo del razonamiento crítico, entre otras habilidades interpersonales que pueden coadyuvar en el desarrollo de la igualdad social. De este modo, podemos observar un continuo mejoramiento en los resultados de matemáticas de las pruebas a gran escala, aunque aún no son satisfactorios y por ello deben de mejorarse aún más.

El presente proyecto de educación popular tiene entonces como objeto de estudio, en un primer momento, a los docentes en matemáticas involucrados en los grupos de secundaria en la ciudad de Mexicali, aunque se mantendrá abierto el acceso a profesores de otros niveles educativos y municipios. Conforme vaya avanzando la difusión e impartición del proyecto se continuará con la ampliación del alcance territorial del mismo.

IMAGEN OBJETIVO DEL PROYECTO

Los docentes que se dieron la oportunidad de tomar este curso – taller para el desarrollo de habilidades cognitivas en los estudiantes de matemáticas de secundaria y bachillerato, con el apoyo de la pedagogía crítica para su formación integral, son más reflexivos en su diario quehacer educativo por lo que pueden aplicar técnicas didácticas específicas al momento de presentarse un problema en el aprendizaje de sus alumnos. Al mismo tiempo integran las estrategias aprendidas a su experiencia profesional mejorando sustancialmente su función formadora, de tal modo que sus alumnos además de aprender matemáticas saben cómo utilizarlas en su vida cotidiana y, paralelamente, también se convierten en agentes reflexivos, críticos y propositivos de su entorno sociocultural.

TABLA DE HABILIDADES A DESARROLLAR

Módulo y sesión	Habilidades
Módulo 1	*Identificar* y *aplicar* en la organización de una serie de clases, qué principios teóricos se utilizaron y cuáles se pudieron haber incorporado, procurando ser abiertos a la constante reflexión de los procesos docentes y la autoevaluación.
Módulo 1 – sesión 1	*Describir* las características del aprendizaje cooperativo e identificar en su quehacer docente aquellas que se hayan utilizado y cuáles se pudieron haber incorporado, procurando ser abiertos a la constante reflexión de los procesos docentes y la autoevaluación.
Módulo 1 – sesión 2	*Relacionar* los principios de la pedagogía crítica con el trabajo cooperativo, para justificar por escrito la necesidad de la incorporación de la pedagogía crítica en las actividades dentro del aula, procurando ser abiertos a la constante reflexión de los procesos docentes.
Módulo 1 – sesión 3	Describir las características del enfoque de la resolución de problemas como recurso de aprendizaje y de la formulación de preguntas según el modelo del PEI, además de identificar y aplicar en la organización de una clase dichos principios teóricos, señalando aquellos que se pudieron haber incorporado, procurando ser abiertos a la constante reflexión de los procesos docentes y la autoevaluación.
Módulo 1 – sesión 4	Asociar los elementos constituyentes de la educación popular con la solución de problemas y la formulación de preguntas, replanteando los cuestionamientos realizados tradicionalmente en clase para incluir el discurso de la pedagogía crítica en la propia práctica educativa, procurando ser abiertos a la constante reflexión de los procesos docentes y la autoevaluación.
Módulo 2	*Utilizar* los materiales para el desarrollo de habilidades mentales en matemáticas y *organizar* una serie de clases donde se resuelvan, ayudándolos constantemente a justificar y realizar metacogniciones de sus procesos de aprendizaje.
Módulo 2 – sesión 1	*Utilizar* los materiales para el desarrollo de habilidades mentales en matemáticas, ayudándolos constantemente a justificar y realizar metacogniciones de sus procesos de aprendizaje.
Módulo 2 – sesión 2	*Formular* un discurso integrador de los postulados de Freire con el desarrollo de habilidades mentales, exponiendo sus ideas de manera verbal y escrita para discutirlas constructivamente con otros puntos de vista, procurando ser abiertos a la constante reflexión de los procesos docentes y la autoevaluación.
Módulo 2 – sesión 3	*Organizar* los materiales para el desarrollo de habilidades mentales en matemáticas en una serie de clases donde se tomen en cuenta todos los principios de la pedagogía crítica estudiados para ayudar a los estudiantes a justificar y realizar metacogniciones de sus procesos de aprendizaje de manera constante.

3. Naturaleza del proyecto

DESCRIPCIÓN DEL CONJUNTO

Una propuesta que considera a la pedagogía crítica

Aunque la capacitación continua de los maestros es un tema recurrente, con lo expuesto hasta este punto, se puede hablar de dos elementos básicos para una propuesta de formación de los docentes de matemáticas de secundaria. Por un lado, los elementos teóricos de la pedagogía crítica que proveerán a los profesores de una nueva mirada y consideración respecto a sus estudiantes, lo que los impulsará en la creación de una dinámica de enseñanza – aprendizaje más provechosa para ellos y sus alumnos.

Así mismo, como segundo elemento, presentarles a los maestros las herramientas que les ayudarán a orientar a los estudiantes en el desarrollo de habilidades cognitivas y metacognitivas asociadas al pensamiento matemático, necesarias para su desarrollo tanto académico, profesional y, sobre todo, personal.

En síntesis, se propone un curso – taller de formación docente (ver Imagen 3), no muy extenso en tiempo (dadas las múltiples actividades con que ya cuentan los maestros), que tome en cuenta los postulados teóricos de la pedagogía crítica – especialmente los de Paulo Freire – y el desarrollo de habilidades cognitivas. En las siguientes páginas, se presenta la propuesta de intervención desde su propósito general hasta las actividades por realizar.

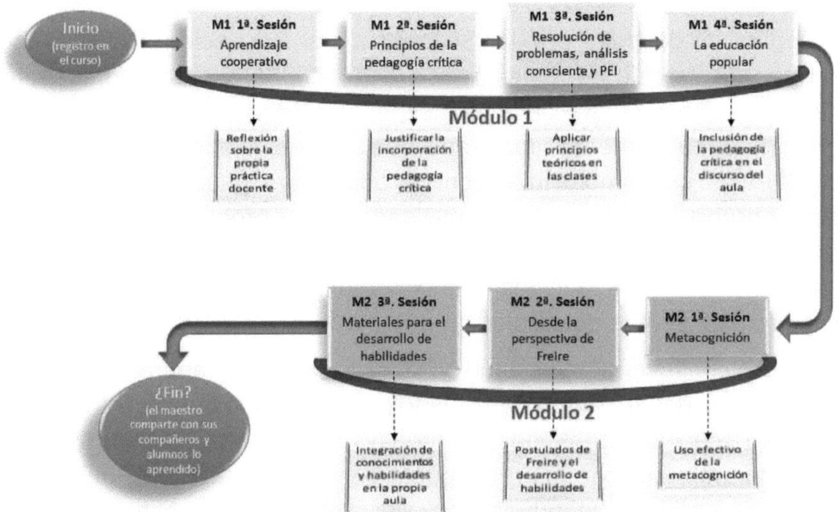

Imagen 3: Diagrama de flujo del desarrollo de la propuesta de intervención

PROBLEMATIZACIÓN

Como se habrá observado en la introducción del presente documento, la realidad del logro educativo en matemáticas de secundaria nos indica que aún existe mucho por trabajar, dado que todavía más del 80% de los estudiantes mexicalenses que participaron en las pruebas nacionales a gran escala se ubican en uno de los dos niveles más bajos de desempeño (insuficiente y elemental), de un total de cuatro niveles; esta realidad es extensiva a todo el Estado de Baja California. Aunado a ello, estudios sobre las actividades al interior de las clases de matemáticas demuestran que éstas – generalizando – sólo repiten patrones no efectivos para el aprendizaje de stas, no se diga ya de su aplicación en la vida cotidiana, lo que positivamente implicaría el uso de diferentes tipos de razonamiento como el crítico, el lógico, el matemático, entre otros.

Según lo descrito por la Secretaría de Educación Pública en los Programas de Estudio de matemáticas (SEP, 2006a; 2011a), en sus últimas dos ediciones, el estudio de esta asignatura debe permitir a los jóvenes expresar matemáticamente situaciones que se presentan en diversos entornos socioculturales, así como utilizar técnicas adecuadas para reconocer, plantear y resolver problemas. Para ello la actividad escolar propiciará un ambiente en el que se formulen y validen conjeturas, se planteen preguntas y se utilicen procedimientos propios, a la vez que se comunican, analizan e interpretan las ideas y procedimientos de resolución.

Lo que conllevaría una actitud positiva hacia las matemáticas consistente en despertar y desarrollar en los estudiantes la curiosidad y el interés por investigar y resolver problemas, la creatividad para formular conjeturas, la flexibilidad para modificar su propio punto de vista con el uso de herramientas matemáticas con que se puedan ampliar, reformular o rechazar las ideas previas, así como la autonomía intelectual para enfrentarse a situaciones desconocidas. Todo ello asumiendo una postura de confianza en la propia capacidad de aprendizaje, además de participar colaborativa y críticamente con sus compañeros (SEP, 2006a; 2011a).

Con respecto a la metodología didáctica, el planteamiento central "consiste en llevar a las aulas actividades de estudio que despierten el interés en los alumnos y los inviten a reflexionar, a encontrar diferentes formas de resolver los problemas y a formular argumentos que validen los resultados" (SEP, 2006a, p. 11). No se trata, como refiere el mismo documento de los Programas de Estudio, de que el maestro busque explicaciones más sencillas y amenas, sino que analice y proponga problemas interesantes, que estén bien articulados, para que los alumnos aprovechen lo que ya saben y así puedan avanzar en el uso de técnicas y estrategias cada vez más eficaces. La clave se encuentra, según la propia SEP (2006a) en la planeación de las clases que reflejen lo que en realidad sucederá en ellas, superando el mero requisito administrativo del llenado de formatos.

La metodología didáctica para las matemáticas de secundaria (SEP, 2006a; 2011a) se centra en el desarrollo de cuatro competencias:

Planteamiento y resolución de problemas. Implica que los alumnos sepan identificar, plantear y resolver diferentes tipos de problemas o situaciones utilizando más de un procedimiento y a su vez, reconociendo cuáles son más eficaces o bien, que puedan probar la eficacia de alguno en particular.

Argumentación. Se logra cuando los alumnos asumen la responsabilidad de buscar al menos una manera de resolver cada problema que se les plantea. Los argumentos pueden ubicarse en tres niveles de dificultad y se corresponden a tres finalidades distintas: para explicar, para mostrar o justificar informalmente y para demostrar.

Comunicación. Comprende la posibilidad de expresar, representar e interpretar la información matemática contenida en una situación o fenómeno.

Manejo de técnicas. Se refiere al uso eficiente de procedimientos y formas de representación al efectuar cálculos con el apoyo de tecnología o sin él. No se limita a hacer un uso mecánico de las operaciones aritméticas y algebraicas, ya que guarda una estrecha relación con la argumentación, en tanto que en muchos casos es necesario encontrar razones que justifiquen un procedimiento o resultado.

Como se puede observar, y así mismo lo señala la SEP (2006a; 2011a), las orientaciones de la metodología didáctica propuestas para la enseñanza de las matemáticas en secundaria exigen dejar atrás la postura tradicional consistente en <dar la clase>, explicando paso a paso lo que los alumnos deben hacer y preocupándose por simplificarles el camino que por sí solos deben encontrar. Lo que en su momento Freire (1970) definió como educación bancaria, que se da cuando el maestro conduce a los educandos a la memorización mecánica de los contenidos, convirtiéndolos así en agentes pasivos de la educación ya que sólo van acumulando conocimientos según se les está transmitiendo.

Estado del arte sobre estudios de lo que sucede al interior de las aulas

El presente capítulo da a conocer los resultados de las búsquedas de trabajos que han abordado el estudio del acontecer al interior de las aulas. Se podrá observar que, delimitando para la enseñanza de las matemáticas, se presentan las temáticas abordadas en el plano internacional, así como el resultado de las indagaciones sobre líneas de investigación y tesis de posgrado realizadas en el ámbito nacional.

En cuanto a investigaciones que involucraran a las matemáticas en el estudio de las interacciones, en el plano internacional se encontraron dieciséis trabajos, agrupados aquí según la similitud de su temática. A saber: procesos para el conocimiento, uso de tecnologías, evaluación de propuestas didácticas y propuestas metodológicas para el análisis de las interacciones.

Con respecto a los procesos para el conocimiento se ha buscado describir los patrones de interacción que propician de una mejor manera el desarrollo cognitivo (Wilson, Andrew, y Below, 2006); que ayudan en la construcción y entendimiento de los conceptos matemáticos cuando se utilizan juegos y materiales manipulativos (Arzarello, Robutti, y Bazzini, 2005), que describen cómo se desarrolla el conocimiento dentro del salón (Magali, 2004) y que llevan a la generalización matemática (Jurow, 2004).

Si se consideran en conjunto los trabajos de Wilson et al. (2006), Arzarello et al. (2005), Magali (2004) y Jurow (2004) se puede afirmar que es más probable favorecer los procesos mentales en clases donde se privilegie la enseñanza interactiva, ya sea entre compañeros y/o con materiales didácticos, dado que los estudiantes utilizan diversos recursos y habilidades que los llevan a identificar vínculos entre ejercicios y a realizar conjeturas en situaciones problemáticas.

También han sido motivo de estudio las interacciones suscitadas al hacer uso de las tecnologías, como el análisis de las interacciones que se producen entre pares de alumnos cuando se trabajan bosquejos dinámicos de geometría en la computadora (Sinclair, 2005), o las dadas entre maestros en servicio que participaron en un escenario virtual para discutir sobre su concepción de la derivada (Montiel, 2005) y los patrones interactivos que se generaron entre alumnos y maestro de un curso impartido a través de una serie de videoconferencias (Saw, Majid, Ghani, Atan, Idrus, Rahman, y Tan, 2008).

Con el uso de las tecnologías en la enseñanza de las matemáticas (Sinclair, 2005; Montiel, 2005; Saw et al., 2008), se pudo observar que los estudiantes se motivan más para proponer nuevas ideas, pueden descubrir los malentendidos que interfieren en su progreso de estudio, utilizan diversos contextos para sus argumentaciones, se puede percibir además cómo se vuelve dominante la cognición que promueve la validación de sus conjeturas y la interacción.

En el mismo ámbito de las matemáticas, se han analizado las interacciones, no sólo entre maestro – alumnos – conocimiento, sino que además se han considerado las interacciones dadas entre el lenguaje natural y las estructuras matemáticas que utilizan los alumnos al resolver problemas de aplicación (Mitchell, 2001); la forma en que los estudiantes construyen e integran el lenguaje con los contenidos curriculares (Barwell, 2005); se ha buscado descubrir el papel que juega el discurso utilizado en las clases cuando se pretende enseñar conceptos y procesos específicos de un tema determinado de matemáticas (Reséndiz, 2006); además se ha buscado describir las interacciones cognitivas que se dan entre la intuición, la formalidad y los aspectos procedimentales para el entendimiento de las matemáticas en un solo alumno con bajo desempeño escolar (Farmaki, y Paschos, 2007); y las interacciones entre un entrevistador, 25 maestros entrevistados y el conocimiento matemático (Koichu, y Harel, 2007).

Los estudios referidos en el párrafo anterior (Mitchell, 2001; Barwell, 2005; Reséndiz, 2006; Farmaki et al., 2007; Koichu et al., 2007), concluyen que, con un adecuado diseño didáctico, se pueden desarrollar de manera controlada los esfuerzos cognitivos de los estudiantes que construyen procesos formales de pensamiento matemático, para lo cual es necesaria la interacción maestro – alumno a propósito de la construcción del conocimiento. En estas interacciones se habrá de permitir la exposición de algunos temas de parte de los alumnos ya que eso puede ayudar a solventar (si hubiere) algunos errores conceptuales del maestro. Finalmente, no se tiene que perder de vista que, si los alumnos cometen algunos errores al momento de trabajar conjuntamente con el lenguaje matemático y el natural, esto no quiere decir que no sepan manipular las estructuras matemáticas, es un proceso que se construye aunque al principio resulte un tanto confuso.

El estudio de las interacciones también se ha utilizado para evaluar la implementación, durante un año, de una propuesta didáctica, al explorar el desempeño de los estudiantes y su percepción del aprendizaje en matemáticas (Falsetti, y Rodríguez, 2005); para describir qué tan equitativo ha sido el aprendizaje matemático en tres grupos donde la dinámica de trabajo se realiza a través del aprendizaje cooperativo (Esmonde, 2009); para narrar las experiencias de enseñanza exitosas a través de las interacciones relatadas por varios profesores (Carneiro-Abrahão, 2008); y como uno de tres elementos a considerar en la regulación del aprendizaje colaborativo (Dekker, Elshout-Mohr, y Wood, 2006).

Los resultados de los estudios de Falsetti et al. (2005), Esmonde (2009), Carneiro-Abrahão (2008) y Dekker et al. (2006), indican que en el trabajo por equipos, los alumnos cambian su actitud pasiva por una de mayor compromiso en las tareas asignadas, ya sea como experto, novato o de par a par entre compañeros, incrementando de algún modo su responsabilidad y la ayuda entre ellos; esto se ve más favorecido si el modelo pedagógico está basado en la solución de problemas de la vida cotidiana del estudiante. Advierten, sin embargo, que el uso reiterado de esta estrategia pudiera ser insuficiente para el óptimo aprovechamiento del aprendizaje, ya que tiene una mediana preferencia de parte de los estudiantes y, además, el aprendizaje entre ellos se limita a especificar el saber hacer con lo que conocen.

El tema de estudio de las interacciones en aulas de matemáticas ha propiciado que se realicen propuestas metodológicas para su análisis (Planas, 2004; Forero-Sáenz, 2008), así como la utilización de teorías para su tratamiento como el análisis epistemológico de la comunicación matemática (Steinbring, 2005) y el análisis de procesos de instrucción basado en el enfoque ontológico – semiótico de la cognición matemática (Godino, 2002; Godino, Contreras y Font, 2006a; Godino, Bencomo, Font y Wilhemi, 2006b).

Por otro lado, en el plano nacional, se realizó la misma pesquisa en centros como el CINVESTAV, el CICATA (del Instituto Politécnico Nacional), en el Centro de Investigación en Matemática Educativa, en la Unidad Académica de Matemáticas (éstas dos de la Universidad Autónoma de Guerrero), pero no se encontraron investigaciones relativas al estudio de las interacciones en aulas de matemáticas. Sólo se encontró un libro producto de una investigación, donde se estudian las interacciones entre el maestro los alumnos y el conocimiento en las clases de matemáticas (García, 2013).

En su texto, García (2013) reporta tres escenarios que se dan al interior de las aulas de matemáticas en secundaria, una donde el foco de enseñanza son el aprendizaje memorístico de los diversos algoritmos matemáticos que corresponden a su grado académico y donde la secuencia de aprendizaje inicia con la presentación del tema, enseguida solución de ejercicios e inicio de la memorización de los algoritmos, después ejercicios más difíciles y finalmente los problemas de aplicación. En un segundo escenario la forma de trabajo da como resultado un aprendizaje más significativo donde los alumnos pueden experimentar y explotar toda la riqueza de su dinámica de clase según su máximo interés en ella.

Finalmente, García (2013) reporta un estilo de trabajo donde el efecto que las interacciones tienen sobre el conocimiento no se logra dilucidar con suficiente claridad, esto sucede porque, aunque la intensión del docente es conducir su clase bajo el enfoque del trabajo cooperativo, no implementa todos los aspectos de dicha dinámica de trabajo, por ello como dice el autor "no se duda que los alumnos aprendan a hacer y resolver, lo que no queda claro es hasta dónde logran hacerlo" (p. 79).

4. Beneficiarios del proyecto

El presente proyecto de educación popular: "desarrollando habilidades cognitivas en mis alumnos a la luz de la pedagogía crítica" está diseñado para beneficio de los docentes interesados en la enseñanza de las matemáticas. Se propone atender a los maestros en grupos generacionales de hasta 15 integrantes, es decir, el proyecto se mantendrá abierto mientras haya maestros interesados y una vez conformado un grupo se atenderá únicamente a éste hasta que concluyan todo el curso; al finalizarlo se lanza nuevamente la convocatoria para conformar otro grupo.

Inherente al beneficio que obtengan los profesores participantes, está el beneficio que obtendrán los alumnos de éstos; dado que el curso se diseñó para que se apliquen habilidades, actitudes, conceptos y valores en el propio salón de clases, se consideran a los alumnos de cada maestro involucrado, también sujetos favorecidos por el presente proyecto.

Tanto maestros participantes como sus propios alumnos son beneficiarios principalmente por las siguientes razones:

- La cantidad de participantes (15) es óptima para atenderlos de forma eficaz en cada fase de desarrollo del curso.
- Los productos de cada sesión son retroalimentados por el asesor del programa.
- Existe en la plataforma del curso, espacios específicos para la interacción entre los participantes; en ellos cada uno expone su reflexión sobre el tema en cuestión y al menos otros dos compañeros, discuten constructivamente y retroalimentan la aportación.
- Los maestros ponen en práctica – y mejoran – sus habilidades de análisis, síntesis, metacognición, redacción, pensamiento crítico y pensamiento reflexivo.
- La evidencia final de aprendizaje es una actividad integradora de conocimientos, aptitudes, actitudes y valores aprendidos aplicados en las clases de matemáticas de cada profesor.
- La comunicación con el asesor del curso es constante y efectiva, al ser un proyecto de enseñanza – aprendizaje a distancia, dada la disponibilidad al momento de la plataforma del curso, así como el correo electrónico o videoconferencias de ser necesarias.

Se busca aprovechar al máximo las tecnologías de la información y comunicación (tic), así, el participante puede establecer su propio horario de dedicación al curso dentro del cronograma previamente establecido. Además, con las lecturas, discusiones, redacción de documentos y diseños de clases, cada maestro participante – y sus alumnos – irán reformulando su propia cultura social en una que incluya principios tomados desde la pedagogía crítica; de este modo, su educación se tornará en una educación liberadora.

5. Nivel de urgencia y prioridad de solución del proyecto

En diversos momentos a lo largo del presente documento se ha hecho referencia al bajo nivel de logro educativo en matemáticas en el municipio de Mexicali y en el Estado, cifra que, aunque va disminuyendo poco a poco, nos obliga a centrar nuestra atención en ese más del 80% de la población estudiantil de secundaria ubicada en los niveles de logro educativo de insuficiente y elemental.

Una manera de atender a los estudiantes es capacitar a sus profesores, pero no se encontraron datos que precisen la cantidad de docentes en matemáticas actualmente activos, por ello, en el presente proyecto no es viable utilizar alguna de las fórmulas estadísticas definidas para el cálculo del muestreo representativo de una población determinada. Aun así, como menciona (Morales, 2012), cuando se tiene una muestra y sus resultados, éstos se pueden extrapolar a la población calculando una estimación de margen de error utilizando la siguiente fórmula:

$$e = \sqrt{\frac{z^2pq}{N}}$$

donde $e = margen\ de\ error\ medido\ en\ porcentaje.$

$z = valor\ de\ z\ correspondiente\ al\ nivel\ de\ confianza.$ En el caso del presente estudio se utilizó un nivel de confianza del 95% (equivalente a un $\alpha = 0.05$) y ello corresponde en $z = 1.96$.

$pq = varianza\ de\ la\ población.$ En este estudio, como se desconoce la varianza de la población, utilizamos la mayor varianza posible, por ello, tanto p como q tendrán un valor de 0.50 cada una.

$N = tamaño\ de\ la\ muestra.$ Dados los tiempos para la realización del presente trabajo, se obtuvieron 33 encuestas contestadas en el tiempo dedicado a ello.

Utilizando la fórmula con los datos aquí mostrados el margen de error obtenido es e=0.17, es decir, que los resultados producto de las encuestas tienen un margen de error del 17% al ser extrapolados a la población de docentes en matemáticas de Mexicali.

Con respecto a las preguntas que aludieron a la satisfacción de los profesores respecto al logro educativo de sus alumnos se obtuvo (ver Gráfica 5) que un 51.52% de ellos no se encuentra satisfecho con los resultados de sus propios alumnos, mientras que un 48.48% sí lo está. Ahora bien, considerando el margen de error calculado (17%) se tiene un margen del 34.52% al 68.52% de maestros que no están satisfechos, frente a un 31.48% al 65.48% de los que sí lo están.

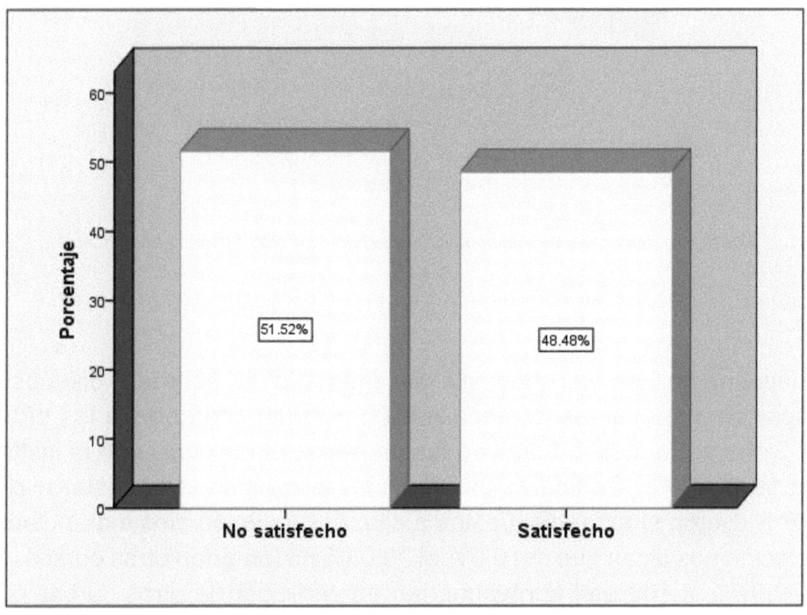

Gráfica 5: Porcentaje de maestros satisfechos con el logro educativo de sus alumnos.

Otro grupo de preguntas hizo alusión a si los maestros estaban satisfechos, o no, de su propio desempeño en el salón de clases. En este rubro (ver Gráfica 6) e obtuvo que el 30.30% no lo están, mientras que el 69.70% sí percibe como satisfactorio su actuar docente. Extrapolando los resultados a la población obtenemos que los docentes no satisfechos con su desenvolvimiento en clase van del 13.3% al 47.3%, mientras que los que señalan una satisfacción positiva se encuentran entre el 52.7% y el 86.7%.

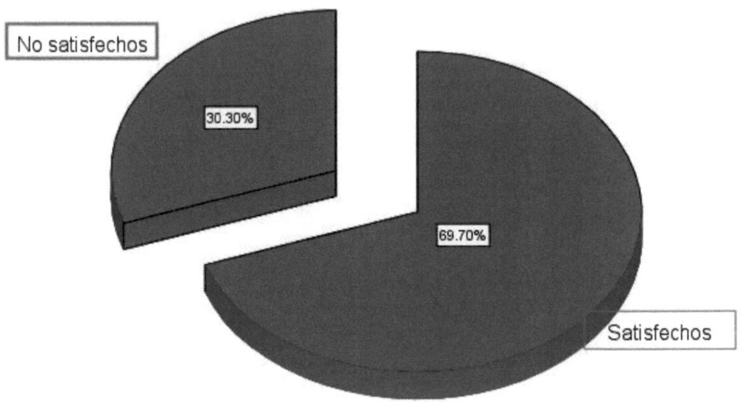

Gráfica 6: Porcentaje de maestros satisfechos con su propio desempeño docente

Finalmente, en la encuesta se preguntó si estarían dispuestos a participar en otros cursos de capacitación docente diferentes a los ofrecidos por el Sistema Educativo Estatal o los ofertados por iniciativa de la institución en que laboran (ver Gráfica 7), 3.03% de los encuestados contestaron que no y 96.97% dijeron sí estar dispuestos a ello. Así, los intervalos extrapolados en la población nos dicen que del 0.0% al 20.03% no tomarían otros cursos, frente a un 79.97% al 100% sí aprovecharían en participar de otros cursos que no fueran ofertados en sus centros de trabajo.

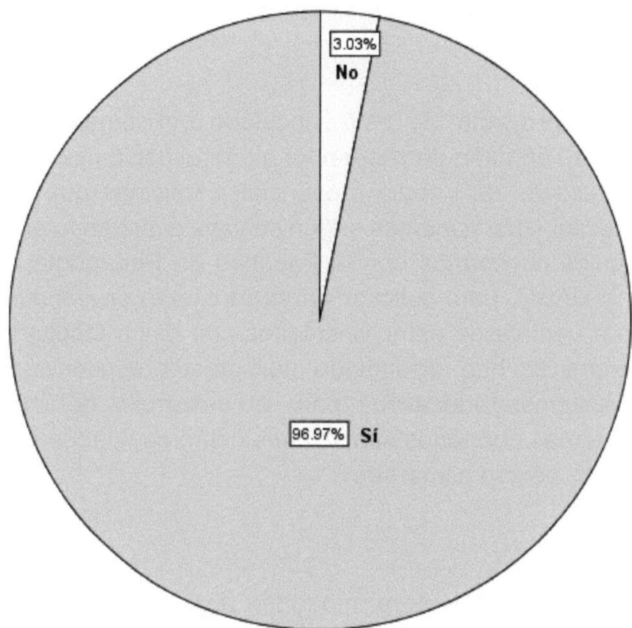

Gráfica 7: porcentaje de interés en participar en otros cursos de capacitación docente

Con base en los datos mostrados y en los resultados obtenidos en matemáticas en las pruebas a gran escala queda en evidencia el nivel de urgencia para implementar el curso-taller desarrollando habilidades cognitivas en mis alumnos a la luz de la pedagogía crítica, dado que los mismos profesores reconocen – en su mayoría – el no estar conformes con el logro académico en matemáticas de sus estudiantes (Gráfica 5) y aunque más de la mitad de ellos está conforme con su desempeño dentro del salón de clases (Gráfica 6), casi todos coinciden en la disposición de seguirse preparando a través de otros cursos de capacitación docente (Gráfica 7).

6. Recursos necesarios para la realización del proyecto

a) Institucionales

El presente proyecto no está vinculado directamente con ninguna institución, aun así, en caso de requerirse algún espacio físico como un aula para algunas sesiones de trabajo presenciales (mismas que resultarán del diálogo entre asesor y participantes según se vaya avanzando en el curso), se tienen los vínculos necesarios con la Facultad de Pedagogía e Innovación Educativa de la UABC, para solicitar en su momento un espacio de trabajo determinado. La ventaja de estar vinculados con dicha facultad es que sus directivos siempre se han distinguido por prestar espacios físicos a los diferentes subsistemas educativos para el desarrollo de sus cursos de capacitación, además que todos sus salones están equipados con pizarrones electrónicos con conexión a internet.

b) Humanos

Al ser un curso – taller para impartirse a distancia se requiere de dos personas para la implementación y conducción de este. Se requiere un máximo de 15 profesores involucrados en la enseñanza de las matemáticas para abrir un grupo del proyecto. Además, en caso de ser necesario se sumarán al proyecto la administración de la Facultad de Pedagogía que facilite el espacio físico para las sesiones presenciales.

c) Técnicos

Computadora con conexión a internet para la administración del curso a través de la plataforma educativa MOODLE y dos personas con acceso de administrador para controlar el uso de la ésta.

d) Financieros

Al ser un proyecto personal los recursos financieros son absorbidos por los dos coordinadores / creadores del proyecto. El curso como tal no tendrá costo, únicamente si el docente requiere de alguna constancia como comprobante de la acreditación final se le requerirá una cuota mínima de recuperación.

7. Plazos, fases, tiempos, cronograma para aplicar el proyecto y obtener resultados

Con el fin de obtener al menos los resultados esperados del curso – taller "desarrollando habilidades cognitivas en mis alumnos a la luz de la pedagogía crítica", se requiere llevar un control puntual de cada fase de desarrollo y, en la consideración de los posibles tiempos que se pudieran invertir en situaciones imprevistas, se han constituido tres grandes bloques para su mejor control: 1) construcción de plataforma, 2) desarrollo del curso, 3) evaluación del curso. Cada uno de estos bloques tiene asignado un tiempo de específico que delimita su inicio y final particular.

En el caso de la construcción del espacio virtual para el curso, cabe señalar que Moodle no ha sido la única plataforma educativa que se ha revisado, se optó por ella porque – además de su gratuidad – es la que ofrece todas las opciones que requiere la propuesta de intervención para su desarrollo adecuado; a saber, creación de usuario y contraseña para cada usuario, donde se distingue entre administradores y participantes; espacios para foros, repositorio de documentos, etc.

En el desarrollo del curso se tienen consideradas actividades de lectura, de redacción de ensayos, redacción de reseñas críticas, participación en foros, solución de ejercicios matemáticos, reflexión sobre el quehacer docente de los participantes, reseñas críticas, cuestionarios y un documento integrador donde se tiene que demostrar la inclusión de la teoría de la pedagogía crítica con las actividades para el desarrollo de habilidades cognitivas. Cabe señalar que una de las principales funciones del asesor del curso es la constante comunicación con los estudiantes y la pertinente retroalimentación de los trabajos enviados.

Para concluir, se considera que la cultura de la evaluación debe aplicar también en el desarrollo del curso – taller, es decir, al finalizarlo se tienen contemplados tiempos y acciones específicas en los que se revisará minuciosamente cada sesión de trabajo con una actitud crítica, de tal manera que se puedan realizar ajustes tanto al mismo curso, a su itinerario de impartición, como a la función del asesor. Así, en el caso de continuar impartiéndolo a nuevos grupos cada versión de éste será mejor que la anterior.

Plazos, fases y tiempos para aplicar el proyecto			
Estrategia	**Fecha o periodo**	**Descripción**	**Responsables**
Diseño en Moodle del curso – taller.	Agosto – diciembre 2017	Se construye en Moodle los espacios necesarios para la realización del curso – taller. Se incluyen materiales de trabajo.	Administradores del curso
Diseño de la publicidad que dé a conocer e invite a la inscripción al curso.	Octubre 2017	Se diseña la imagen publicitaria del curso, misma que se enviará a través de redes sociales y correo electrónico.	Administradores del curso
Promoción del curso a través de redes sociales y correo electrónico.	Noviembre 2017 – enero 2018	Se distribuye a través de redes sociales y correo electrónico	Administradores del curso
Registro en Moodle de los participantes	Enero – febrero 2018	Los participantes solicitan su registro en el curso y crean su usuario y contraseña para el acceso al mismo.	Participantes del curso con apoyo de los administradores.
Inicio de curso. Sesión de encuadre	5 – 9 marzo	Se realiza la evaluación diagnóstica y se envía al asesor.	Participantes
Desarrollo de sesión 1.1	12 – 23 marzo	Lectura, cuestionario, participación en foro, redacción de ensayo. El cuestionario y el ensayo se envían al asesor que retroalimentará el trabajo.	Participantes / asesor
Receso	26 – 30 marzo		
Desarrollo de sesión 1.2	2 – 6 abril	Lecturas y ensayo que se enviará al asesor.	
Desarrollo de sesión 1.3	9 – 20 abril	Lecturas, videos, foro, documento integrador, éste último se envía al asesor para su retroalimentación.	
Desarrollo de sesión 1.4	23 – 27 abril	Lectura y reestructura de la primera tarea que se enviará al asesor.	
Desarrollo de sesión 2.1	30 abr – 4 mayo	Solución de ejercicios, lectura. Una vez resueltos los ejercicios se escanean y envían al asesor.	
Desarrollo de sesión 2.2	7 – 11 mayo	Lectura y reseña crítica que se enviará al asesor.	Participantes / asesor
Desarrollo de sesión 2.3	14 – 25 mayo	Documento final integrador. Enviar al asesor para su evaluación.	

Plazos, fases, tiempos y cronograma para aplicar el proyecto			
Estrategia	**Fecha o periodo**	**Descripción**	**Responsables**
Evaluaciones finales	28 may – 1 jun	Evaluación de los trabajos integradores finales. Se les informa a los participantes de sus resultados y se les invita a adquirir su constancia.	Asesor
Trámite de constancias	4 – 15 junio	Elaboración y envío de constancias.	Administradores del curso
Evaluación del curso	18 – 22 junio	Se evalúa la impartición del curso describiendo ventajas, desventajas, uso de los tiempos, problemas que surgieron y propuestas de mejora. Se redacta informe de evaluación sobre el desarrollo del curso. Se pondera la viabilidad de impartirlo de nuevo, definiendo para ello las nuevas fechas de trabajo.	

Cronograma para aplicar el proyecto

Actividad	2017					2018					
	agosto	septiembre	octubre	noviembre	diciembre	enero	febrero	marzo	abril	mayo	junio
Diseño en Moodle del curso – taller.											
Diseño de la publicidad que dé a conocer e invite a la inscripción al curso.											
Promoción del curso a través de redes sociales y correo electrónico.											
Registro en Moodle de los participantes											
Inicio de curso. Sesión de encuadre											
Desarrollo de sesión 1.1											
Receso											
Desarrollo de sesión 1.2											
Desarrollo de sesión 1.3											
Desarrollo de sesión 1.4											
Desarrollo de sesión 2.1											
Desarrollo de sesión 2.2											
Desarrollo de sesión 2.3											
Evaluaciones finales											
Trámite de constancias											
Evaluación del curso											

8. Metodología que precisa criterios, estrategias y parámetros para evaluar el proyecto

En su forma más elemental, se puede entender a la evaluación como el proceso de juzgar el mérito o valor de algo; además de esto, la evaluación debe generar información exacta y precisa (en la medida de lo posible) para que pueda tener la cualidad de ser defendible. Así, la información podrá ser aprovechada para mejorar algún programa educativo, de capacitación o de desarrollo. En otras palabras, la información obtenida a través de la evaluación se orientará a la toma de decisiones para la mejora del proyecto evaluado (Bhola, 1991).

Existen dos tipos de evaluación aplicables a proyectos educativos cuyos destinatarios son adultos, una es la evaluación externa y otra la interna. En nuestro caso, utilizaremos la de tipo interno dado que es en ella donde las mismas personas involucradas en el programa se encargan de "formular las preguntas, elegir los métodos, el diseño del estudio, el análisis y recolección de datos, el establecer el criterio de éxito del programa y el usar la información evaluativa en una futura planificación" (Bhola, 1991; 546-547).

Por otro lado, en la evaluación de proyectos que incluyen tecnologías es importante registrar todas las observaciones cualitativas de los participantes (ver Tabla 6), tanto estudiantes como asesores, y así integrar en un mismo análisis el problema, el medio tecnológico con sus aportaciones a la solución del problema y el entorno de aprendizaje (Vacca, 2011). De este modo, el análisis cuantitativo de los datos obtenido en la evaluación final a través de la Tabla 7, se verá enriquecido por los aspectos cualitativos registrados en el acontecer diario del curso, pudiendo con ello emitir un juicio evaluativo más minucioso, eficaz, eficiente completo y enriquecedor según sugiere Marín (2011) en su propuesta de formulación y evaluación de proyectos educativos.

Instrumento de evaluación 1

Tabla 6

"Desarrollando habilidades cognitivas en mis alumnos..." Bitácora para descripción de problemáticas presentadas y su solución				
Fecha	Medio virtual donde se presenta el problema (foro, chat, correo electrónico...)	Descripción del problema o situación por atender	Descripción de la forma en que se atendió	Observaciones

Instrumento de evaluación 2

Tabla 7

"Desarrollando habilidades cognitivas en mis alumnos..." Registro cuantitativo de cumplimiento de actividades						
Módulo:	Actividad:	Cantidad de trabajos entregados		Porcentaje de trabajos entregados		Observaciones:
Sesión:		en tiempo:	con prórroga:	en tiempo:	con prórroga:	
Módulo:	Actividad:	Cantidad de trabajos entregados		Porcentaje de trabajos entregados		Observaciones:
Sesión:		en tiempo:	con prórroga:	en tiempo:	con prórroga:	
Módulo:	Actividad:	Cantidad de trabajos entregados		Porcentaje de trabajos entregados		Observaciones:
Sesión:		en tiempo:	con prórroga:	en tiempo:	con prórroga:	
Módulo:	Actividad:	Cantidad de trabajos entregados		Porcentaje de trabajos entregados		Observaciones:
Sesión:		en tiempo:	con prórroga:	en tiempo:	con prórroga:	
Módulo:	Actividad:	Cantidad de trabajos entregados		Porcentaje de trabajos entregados		Observaciones:
Sesión:		en tiempo:	con prórroga:	en tiempo:	con prórroga:	

9. Limitaciones del proyecto

1. La cantidad de profesores interesados en tomar el curso – taller. Esta situación se puede presentar en dos vertientes:

    1.1. Que la cantidad de participantes sobrepase los quince integrantes estimados para conformar un grupo, lo que llevaría a los coordinadores a considerar – dependiendo del número de postulantes – si aumentan la capacidad del grupo o abren un segundo grupo. En cualquiera de los dos casos se debe de tener en consideración la dinámica de interacción instructor – participante, de tal forma que no por ampliar los espacios y recursos para estudiantes se deprecie la calidad de la construcción y aplicación de los aprendizajes.

    1.2. Que la cantidad de los participantes sea menor a quince. A semejanza del caso anterior, los coordinadores del curso – taller tendrán que discutir la pertinencia de la apertura del mismo, en la consideración de que si es muy poca la cantidad, probablemente los espacios de interacción entre participantes no sean tan enriquecedores como se esperaba.

2. Limitaciones en el uso de la plataforma Moodle. Aunque en el contexto social y académico actual el uso de las tecnologías de la información y comunicación (tic) es cada vez más común, cabe esperar de algún participante un bajo desenvolvimiento en este medio. Para prevenir y minimizar este tipo de contingencias se usarán guías descriptivas con capturas de pantalla de los procedimientos a seguir para realizar alguna actividad en específica, además de la constante comunicación personal entre facilitador y participante.

3. Los tiempos asignados para el desarrollo y retroalimentación de cada actividad en lo particular no son suficientes. Aunque se duplicaron los tiempos específicos en todo el curso – taller "desarrollando habilidades cognitivas en mis alumnos a la luz de la pedagogía crítica", en su primera emisión se pondrá especial atención a ello; teniéndose como consigna la flexibilidad en el uso de los tiempos, misma que al presentar alguna modificación se comunicará inmediatamente a todos los participantes.

4. El uso de salones para las sesiones presenciales puede verse limitado por las propias actividades que se desarrollen en la Facultad que nos los vaya a facilitar, para ello, se gestionará el poder usarlos también en horario sabatino, lo cual es viable porque la misma escuela imparte cursos de fin de semana.

5. Fallos en el intercambio de archivos a través de la plataforma Moodle. En caso de ocurrir, se puede utilizar el correo electrónico de los participantes para continuar con las actividades programadas según lo especificado en el cronograma, así, se dejará como último recurso el tener que modificar las fechas de entrega de trabajos.

10. Productos finales del proyecto

1. Los docentes participantes en el curso – taller "desarrollando habilidades cognitivas en mis alumnos a la luz de la pedagogía crítica" incorporan en su desarrollo profesional y personal los principios de la pedagogía crítica, del trabajo cooperativo, del analizar conscientemente las situaciones problemáticas del día a día, así ellos viven en esta realidad de ser críticos constructivos en la sociedad y para la sociedad.

2. Los docentes aplican en su labor educativa los principios de la pedagogía crítica en el marco del desarrollo de las habilidades cognitivas de sus estudiantes; de este modo los estudiantes de las clases de matemáticas aprenden a trabajar cooperativamente en un marco de análisis reflexivo y crítico de su realidad, reforzando de este modo los cimientos de valor social que utilizarán para un mejor desarrollo de su entorno.

3. Los docentes incrementan sus habilidades en el uso de tic y además comparten con sus pares de escuela lo aprendido en el curso – taller, de tal forma que promueven en ellos su incorporación a futuras emisiones de este.

4. Los coordinadores y facilitadores del curso – taller, forman redes de intercambio de experiencias docentes con la finalidad de continuar el proceso de reflexión en la actividad académica, así, desde el ámbito educativo también se impulsa de una manera más puntual la reestructuración social donde se reflexione, diga y haga lo necesario para la mejora de la convivencia entre personas.

11. Proyecto de educación popular:

DESARROLLANDO HABILIDADES COGNITIVAS EN MIS ALUMNOS A LA LUZ DE LA PEDAGOGÍA CRÍTICA

Propósito

Proporcionar herramientas a los docentes para que, en el marco de la pedagogía crítica, apliquen en su labor educativa los principios del aprendizaje cooperativo; la resolución de problemas; del análisis consciente de los componentes de un problema y sus relaciones; y la formulación de preguntas, según el modelo del PEI, como recursos de aprendizaje en el desarrollo de las actividades que fomenten la consolidación y aplicación de habilidades metacognitivas asociadas al pensamiento matemático.

Desarrollando habilidades cognitivas en mis alumnos a la luz de la pedagogía crítica

(curso – taller)

Carta descriptiva

Sesión de encuadre

Diseñada por: Aidé E. Pérez López y Mario García Salazar

Actividades
1) El estudiante analiza la sesión de encuadre.
2) Se realiza el registro al curso.
3) Se contesta la evaluación diagnóstica (anexo 9), indicando que se tiene que guardar para posteriormente utilizarla.

Desarrollando habilidades cognitivas en mis alumnos a la luz de la pedagogía crítica

(curso – taller)

Carta descriptiva

Módulo 1

1ª. Sesión: **Aprendizaje cooperativo**
Duración: 1 semana
Diseñada por: Aidé E. Pérez López y Mario García Salazar

Propósito del módulo 1
Identificar y *aplicar* en la organización de una serie de clases, qué principios teóricos se utilizaron y cuáles se pudieron haber incorporado, procurando ser abiertos a la constante reflexión de los procesos docentes y la autoevaluación.

Propósito de la sesión
Describir las características del aprendizaje cooperativo e identificar en su quehacer docente aquellas que se hayan utilizado y cuáles se pudieron haber incorporado, procurando ser abiertos a la constante reflexión de los procesos docentes y la autoevaluación.

Temas de capacitación
a) ¿Qué es el aprendizaje cooperativo y cómo se puede hacer uso de él?

Resultados de aprendizaje
1.1. Describir las características del aprendizaje cooperativo.
1.5. Identificar las características del aprendizaje cooperativo en la conducción de una clase y mencionar cuáles se pudieron haber incorporado.
1.6. Aplicar las características del aprendizaje cooperativo en la organización de una clase.

Evaluación
1.1.1. Lectura sobre aprendizaje cooperativo con preguntas guía (individual).
1.1.2. Contestar el cuestionario de preguntas frecuentes sobre aprendizaje cooperativo (anexo 2).

1.5.1. Participación en el foro para identificar las características del aprendizaje cooperativo en una clase.

1.5.2. Propuesta por escrito de los elementos del aprendizaje cooperativo que se pudieron haber incorporado a la clase analizada en 1.5.1.

1.6. Redacción de un documento donde organicen una clase cuya didáctica esté influenciada por el aprendizaje cooperativo.

Actividades de aprendizaje

Después del encuadre...

1) Se inicia con la lectura del material sobre aprendizaje cooperativo, a la par de la lectura se irá contestando el cuestionario del anexo 1.

2) Enviar al asesor el cuestionario contestado.

3) Se recibe la retroalimentación por parte del asesor en el mismo archivo que se le envió.

4) Participar en el foro titulado "Esta es mi clase"

   a. Cada participante describirá cómo se desarrolla una clase típica de las que imparte. Se debe de hacer en al menos tres párrafos de 10 renglones cada uno.

   b. Leer la clase de al menos dos participantes más y se le comentará su participación indicando qué acciones de aprendizaje cooperativo puede incluir en su clase.

5) Redactar y enviar al asesor un documento titulado "clase con aprendizaje cooperativo" donde organicen una clase cuya didáctica esté influenciada por el aprendizaje cooperativo. Este documento debe contener:

   a. Tema a tratar

   b. Objetivo específico (o meta, o propósito).

   c. Desarrollo de la clase. Aquí hay que incluir cómo se organizará el trabajo con los estudiantes, ya sea individual, por equipos o grupal y un listado de preguntas que el maestro y los alumnos pudieran formular durante la misma.

Materiales de apoyo

- Lectura sobre aprendizaje cooperativo
- Cuestionario sobre aprendizaje cooperativo (anexo 1)
- Foro "Esta es mi clase"

Desarrollando habilidades cognitivas en mis alumnos a la luz de la pedagogía crítica

(curso – taller)

Carta descriptiva

Módulo 1

2ª. Sesión: **Principios de la pedagogía crítica**
Duración: 1 semana
Diseñada por: Aidé E. Pérez López y Mario García Salazar

Propósito del módulo 1
Identificar y *aplicar* en la organización de una serie de clases, qué principios teóricos se utilizaron y cuáles se pudieron haber incorporado, procurando ser abiertos a la constante reflexión de los procesos docentes y la autoevaluación.

Propósito de la sesión
Relacionar los principios de la pedagogía crítica con el trabajo cooperativo, para justificar por escrito la necesidad de la incorporación de la pedagogía crítica en las actividades dentro del aula, procurando ser abiertos a la constante reflexión de los procesos docentes.

Temas de capacitación
c) La práctica educativa en el marco de la pedagogía crítica

Resultados de aprendizaje
1.2. Explicar cuáles son los antecedentes, principios e importancia de la pedagogía crítica en el contexto educativo actual.

Evaluación
1.2. Redacción de un ensayo titulado "pedagogía crítica y aprendizaje cooperativo".

Actividades de aprendizaje
1) Leer sobre los antecedentes de la pedagogía crítica (archivo 2.a.). **2)** Leer capítulo 4 y 5 del libro "la vida en las escuelas" (archivo 2.b) **3)** Redactar un ensayo que exponga los antecedentes y principios de la pedagogía crítica, así como una propuesta para vincularla con el

aprendizaje cooperativo. En este ensayo debe contener citas a los documentos leídos.

Materiales de apoyo
• Ensayo "pedagogías críticas" (archivo 2.a) • Libro "la vida en las escuelas" (archivo 2.b)

Desarrollando habilidades cognitivas en mis alumnos a la luz de la pedagogía crítica

(curso – taller)

Carta descriptiva

Módulo 1

3ª. Sesión: **Resolución de problemas, análisis consciente y PEI.**
Duración: 1 semana
Diseñada por: Aidé E. Pérez López y Mario García Salazar

Propósito del módulo 1
Identificar y *aplicar* en la organización de una serie de clases, qué principios teóricos se utilizaron y cuáles se pudieron haber incorporado, procurando ser abiertos a la constante reflexión de los procesos docentes y la autoevaluación.

Propósito de la sesión
Describir las características del enfoque de la resolución de problemas como recurso de aprendizaje y de la formulación de preguntas según el modelo del PEI, además de identificar y aplicar en la organización de una clase dichos principios teóricos, señalando aquellos que se pudieron haber incorporado, procurando ser abiertos a la constante reflexión de los procesos docentes y la autoevaluación.

Temas de capacitación

b) Características de tres tipos de pensamiento...
   - ... declarativo
   - ... procedimental
   - ... condicional

c) El enfoque de resolución de problemas como recurso de aprendizaje.

d) El análisis consciente de los componentes de un problema y sus relaciones.

e) Preguntas utilizadas por los maestros en matemáticas.

f) Preguntas según el modelo del PEI.

Resultados de aprendizaje

1.3. Describir en qué consisten los tipos de conocimientos declarativo, procedimental y condicional, bajo el enfoque de la resolución de problemas, como recurso de aprendizaje.

1.4. Identificar el tipo de preguntas utilizadas en la conducción de una clase y reformularlas según el enfoque del análisis consciente y el modelo del PEI.

1.7. Identificar y aplicar en diversos momentos de la conducción de una clase, los tipos de conocimiento declarativo, procedimental y condicional, bajo el enfoque de la resolución de problemas como recurso de aprendizaje.

Evaluación

1.3.1. Redacción de un breve ensayo sobre la importancia de cada uno de los tipos de conocimiento.

1.7.1. Realizar una síntesis de los tres enfoques con que se puede trabajar la resolución de problemas.

1.4.1. Elaborar un documento en dos columnas, en la primera con un listado de preguntas utilizadas en la conducción de una clase y en la segunda su replanteamiento según el enfoque del análisis consciente y el modelo del PEI.

1.7.2. Identificar en la organización de la clase que se dejó de tarea si se trabajó según el enfoque de resolución de problemas como recurso de aprendizaje y replantearla en un nuevo documento aplicando todos los principios teóricos presentados.

Actividades de aprendizaje

1) Ver la presentación "tipos de conocimiento"

2) Los participantes redactan un ensayo de mínimo treinta renglones sobre la importancia de los tres conocimientos analizados.

3) Lectura del texto de "cuándo, cómo y para qué plantear problemas en la enseñanza de las matemáticas" (anexo 3)

4) Participación en el foro "cuándo, cómo y para qué". Cada participante genera una entrada en el foro donde expone las ventajas y desventajas de los siguientes puntos tratados en la lectura:

i. El problema como criterio del aprendizaje.

ii. El problema como móvil del aprendizaje.

iii. El problema como recurso de aprendizaje.

5) Ver el video “suelta el lápiz, pregunta y aprende matemáticas”

6) Descargar el documento “preguntas según el modelo del PEI”

7) Elaborar una tabla con tres columnas, cada columna debe contener:

- Columna 1: todas las preguntas que pudieron haber planteado en la clase que describieron en el documento “clase con aprendizaje cooperativo”.
- Columna 2: a la luz de las preguntas del modelo del PEI, replantear (si se considera necesario) cada una de las preguntas.
- Columna 3: indicar a qué clasificación de preguntas según el PEI pertenece la interrogante planteada en la columna 1 (si no se modificó) o la de la columna 2 (si se modificó la primera pregunta).
- Enviar documento al asesor. Este documento se titula “análisis de preguntas”.

Materiales de apoyo
• Presentación en power point titulada “tipos de conocimiento” • Video titulado “suelta el lápiz, pregunta y aprende matemáticas”. • Documento con preguntas según el modelo del PEI • Lectura: “Cuándo, cómo y para qué plantear problemas...” • Foro “cuándo, cómo y para qué”.

Desarrollando habilidades cognitivas en mis alumnos a la luz de la pedagogía crítica

(curso – taller)

Carta descriptiva

Módulo 1

4ª. Sesión: **La educación popular**
Duración: 1 semana
Diseñada por: Aidé E. Pérez López y Mario García Salazar

Propósito del módulo 1
Identificar y *aplicar* en la organización de una serie de clases, qué principios teóricos se utilizaron y cuáles se pudieron haber incorporado, procurando ser abiertos a la constante reflexión de los procesos docentes y la autoevaluación.

Propósito de la sesión
Asociar los elementos constituyentes de la educación popular con la solución de problemas y la formulación de preguntas, replanteando los cuestionamientos realizados tradicionalmente en clase para incluir el discurso de la pedagogía crítica en la propia práctica educativa, procurando ser abiertos a la constante reflexión de los procesos docentes y la autoevaluación.

Temas de capacitación
h) Principios básicos de la educación popular

Resultados de aprendizaje
1.8. Incorporar algunos principios básicos de la educación popular en la reformulación de las preguntas planteadas en clase.

Evaluación
1.8. Replantear la clase diseñada previamente considerando ahora los supuestos teóricos estudiados.
Actividades de aprendizaje
1) Leer el texto “educación popular” (archivo 4).

2) Replantear la clase que diseñaron en la tarea 1 – en el mismo archivo - con los elementos teórico – metodológicos estudiados en estos primeros cuatro módulos.

3) Enviar al asesor.

Materiales de apoyo
• Ensayo "educación popular" (archivo 4)

Desarrollando habilidades cognitivas en mis alumnos a la luz de la pedagogía crítica

(curso – taller)

Carta descriptiva

Módulo 2

1ª. Sesión: **Metacognición y materiales para el desarrollo de habilidades**
Duración: 1 semana
Diseñada por: Aidé E. Pérez López y Mario García Salazar

Propósito del módulo 2
Utilizar los materiales para el desarrollo de habilidades mentales en matemáticas y *organizar* una serie de clases donde se resuelvan, ayudándolos constantemente a justificar y realizar metacogniciones de sus procesos de aprendizaje.

Propósito de la sesión
Utilizar los materiales para el desarrollo de habilidades mentales en matemáticas, ayudándolos constantemente a justificar y realizar metacogniciones de sus procesos de aprendizaje.

Temas de capacitación
a) Metacognición ¿y eso qué es? Usos y beneficios. c) Trabajo con los materiales para el desarrollo de habilidades metacognitivas asociadas al pensamiento matemático.

Resultados de aprendizaje
2.1. Explicar el concepto de metacognición. 2.2. Trabajar y resolver con precisión cada uno de los materiales. 2.3. Justificar los procedimientos utilizados en el trabajo con los materiales. 2.4. Realizar procesos metacognitivos de los recursos mentales utilizados en el trabajo con los materiales.

Evaluación
2.1.1. Explicar con precisión qué es la metacognición y enlistar una serie de ventajas de hacer uso de ella.

2.2.1. Resolver cada ejercicio con precisión, en caso de que el ejercicio requiera de la escritura de procedimientos y respuesta, hacerlo de forma ordenada.

2.3.1. Escribir el por qué y para qué de los procedimientos utilizados en la solución de los ejercicios.

2.4.1. Redactar qué decisiones fueron tomando mentalmente para resolver los ejercicios, además de las emociones que experimentaron al hacerlo y cómo las afrontaron.

Actividades de Aprendizaje

1) Descargar y resolver el ejercicio del anexo 4. A la par de su solución ir escribiendo cada decisión que se va tomando y el porqué se optó por cada una de ellas.

2) Leer el documento sobre metacognición (anexo 5)

3) Descargar y resolver los ejercicios de los anexos 6, 7 y 8. Escribir la justificación a los procedimientos realizados para encontrar la solución y realizar una metacognición escrita de los procesos mentales utilizados, siguiendo la guía mostrada en el anexo 10.

4) Enviar al asesor cada ejercicio resuelto junto a su hoja de metacognición. Estos ejercicios se tendrán que escanear para ser enviados.

Materiales de apoyo

Documentos individuales con los anexos: 4, 5, 6, 7, 8 y 10

Desarrollando habilidades cognitivas en mis alumnos a la luz de la pedagogía crítica

(curso – taller)

Carta descriptiva

Módulo 2

2ª. Sesión: **Desde la perspectiva de Freire**
Duración: 1 semana
Diseñada por: Aidé E. Pérez López y Mario García Salazar

Propósito del módulo 2
Utilizar los materiales para el desarrollo de habilidades mentales en matemáticas y *organizar* una serie de clases donde se resuelvan, ayudándolos constantemente a justificar y realizar metacogniciones de sus procesos de aprendizaje.

Propósito de la sesión
Formular un discurso integrador de los postulados de Freire con el desarrollo de habilidades mentales, exponiendo sus ideas de manera verbal y escrita para discutirlas constructivamente con otros puntos de vista, procurando ser abiertos a la constante reflexión de los procesos docentes y la autoevaluación.

Temas de capacitación
b) Paulo Freire en mi práctica educativa

Resultados de aprendizaje
2.5. Describir los postulados de Freire señalando cómo se pueden incluir en la propia práctica docente.

Evaluación
2.5. Reseña crítica del capítulo 4 del libro *educaciones y pedagogías críticas desde el sur.*

Actividades de aprendizaje
1) Leer el capítulo 4 del libro *educaciones y pedagogías críticas desde el sur.*   **2)** Redactar en un documento en Word una reseña crítica de lo leído.

3) Enviar al asesor.

Materiales de apoyo
Libro digital *Educaciones y pedagogías críticas desde el sur.*

Desarrollando habilidades cognitivas en mis alumnos a la luz de la pedagogía crítica

(curso – taller)

Carta descriptiva

Módulo 2

3ª. Sesión: **Materiales para el desarrollo de habilidades**
Duración 1 semana
Diseñada por: Aidé E. Pérez López y Mario García Salazar

Propósito del módulo
Utilizar los materiales para el desarrollo de habilidades mentales en matemáticas y *organizar* una serie de clases donde se resuelvan, ayudándolos constantemente a justificar y realizar metacogniciones de sus procesos de aprendizaje.

Propósito de la sesión
Organizar los materiales para el desarrollo de habilidades mentales en matemáticas en una serie de clases donde se resuelvan y se ayude a los estudiantes a justificar y realizar metacogniciones de sus procesos de aprendizaje de manera constante.

Temas de capacitación
a) Organizar los materiales para mis alumnos.

Resultado(s) de Aprendizaje
2.6. Organizar una serie de clases donde se trabajen los materiales.

Evaluación
2.6.1. Documento donde se especifique la organización de las series de clases donde trabajarán los diferentes materiales. Este documento debe contener: • Título • (Objetivo o propósito). • Resultados de aprendizaje. • Evaluación.

- Actividades de aprendizaje y vinculación con la pedagogía crítica
- Materiales de apoyo.

Actividades de Aprendizaje
1) Diseñar en un documento una serie de clases (del contenido de matemáticas a libre elección) de tal forma que se plasme el aprendizaje cooperativo, los procesos de metacognición, las posibles preguntas que se pueden plantear y el vínculo con la teoría de la pedagogía crítica.

Anexo 1

Cuestionario guía para la lectura sobre aprendizaje cooperativo

1) ¿Qué es un grupo?

2) ¿Qué se entiende por cooperar?

3) ¿Cuáles son las implicaciones para el maestro y cómo lo afecta el trabajar con el aprendizaje cooperativo?

4) ¿A qué se refiere con dosificación del aprendizaje cooperativo?

5) ¿Qué es interactividad y qué interacción?

6) ¿Cuál es el papel del maestro y qué requisitos debe cumplir?

7) ¿Cuáles son los tipos de equipos que se pueden formar y qué se sugiere para conformarlos?

8) ¿Qué sugiere el aprendizaje cooperativo para realizar la evaluación de los alumnos?

Anexo 2

Cuestionario de preguntas frecuentes sobre aprendizaje cooperativo

1) ¿Qué novedad plantea el aprendizaje cooperativo con respecto al aprendizaje grupal (dinámica de grupo)?
2) ¿Es lo mismo aprendizaje colaborativo y aprendizaje cooperativo? Y si no lo es, ¿cuál es la diferencia entre ellos?
3) ¿Según la metodología del aprendizaje cooperativo, se requiere o no del trabajo personal, individual del educando, o bien en todo momento los alumnos deben trabajar juntos?
4) Si todo el tiempo están trabajando juntos, ¿cómo pueden los alumnos desarrollar el compromiso y la responsabilidad individual?
5) ¿Cómo puede ofrecer el maestro atención personalizada a sus educandos si ellos siempre están trabajando en equipo?
6) ¿Cuántos miembros deben tener los equipos?
7) A mis alumnos no les gusta trabajar juntos. ¿Cómo puedo lograr que se relacionen y cooperen unos con otros en el salón de clases? Además, uno de ellos termina haciendo el trabajo de los otros, ¿cómo puedo evitarlo?
8) ¿Cuánto tiempo deben permanecer juntos los alumnos formando un equipo?
9) ¿Cómo se evalúa al alumno según el aprendizaje cooperativo?
10) Vivimos en una sociedad muy competitiva y hay que preparar a los alumnos para la vida. ¿Cómo es posible que insistamos tanto en la cooperación?

Nuevas alternativas de aprender y enseñar. Aprendizaje cooperativo (Ferreiro, 2007).

Anexo 3

Cuándo, cómo y para qué resolver problemas en la enseñanza de las matemáticas.

María Guadalupe Moreno Bayardo

Las matemáticas se han construido como respuesta a preguntas que han sido traducidas en otros tantos problemas..., la actividad de resolución de problemas ha estado en el corazón mismo de la elaboración de la ciencia matemática. Hacer matemáticas es resolver problemas...'

El análisis cuidadoso de la frase anterior fácilmente puede llevamos a la convicción de que "el medio natural", tanto para la construcción de la ciencia matemática como para el aprendizaje de la misma, es el de la resolución de problemas. Si esto es así ante una realidad compleja, que muestra en las aulas toda una diversidad de reacciones ante la resolución de problemas, cabe plantear preguntas como las siguientes:

¿En qué casos puede afirmarse que resolver problemas es "hacer matemáticas"?

¿Qué función puede desempeñar la solución de problemas en la enseñanza de las matemáticas?

¿Qué implica enseñar matemáticas desde un enfoque de resolución de problemas?

La intención de proponer una respuesta a estas preguntas guía los planteamientos de este trabajo. Se iniciará con la descripción de

Un estado de la cuestión, elaborado a partir de la experiencia compartida

En contraste con la leyenda de que "cualquier semejanza con la realidad es mera coincidencia", aquí se partirá de afirmar que es sumamente probable que las situaciones que se mencionan a continuación reflejen, al menos en parte, algunas de las experiencias que como estudiantes, como docentes, o simplemente como observadores de una clase de matemáticas, podemos haber tenido. Resulta, pues, muy probable, que hayamos sido testigos de clases de matemáticas en las que:

- Se opta por desarrollar destreza en el manejo de los algoritmos propios del programa del curso de matemáticas que se conduce, pero se atiende poco a la solución de problemas; esto ocasiona fácilmente que existan alumnos que son brillantes en matemáticas, mientras no se trate de resolver problemas.

- La solución de problemas aparece sólo en algunos temas y al final del tratamiento de los mismos como una sección complementaria de aplicación, que a veces se omite con el argumento de contar con programas muy extensos y con poco tiempo para su desarrollo.

- Se "enseña" a resolver problemas siguiendo esquemas predefinidos (por ejemplo, el de datos, fórmula a aplicar, operaciones, resultado); de esta manera, el componente heurístico característico de la solución de problemas se ve reducido también, lo más posible, a una serie de pasos, a una especie de algoritmo.

- Se propicia el aprendizaje de la solución de "problemas tipo", con poco margen de participación creativa y original de los estudiantes.

- Se privilegia el interés por obtener "respuestas correctas", con poca valoración de la pertinencia de los procesos utilizados, sin propiciar espacios para la confrontación y/o para el aprendizaje a partir del análisis de los errores.

- Se tiende a trabajar sólo con problemas planteados en libros de texto, con escasos o nulos planteamientos problemáticos por parte del maestro o de los alumnos.

- Se ejemplifica la solución de problemas recurriendo a casos de un grado mínimo de dificultad, y se pide al alumno ejercitar en clase, o como tarea, largas series de problemas de una complejidad que supera notablemente a la de los problemas que sirvieron como ilustración.

- Se asigna a los estudiantes la solución de cierto número de problemas, sin que el maestro se haya cerciorado de su graduación, de que los alumnos cuenten con los conocimientos antecedentes necesarios para poder resolverlos.

- El planteamiento de los problemas de muchos libros de texto es "insinuatorio": señala prácticamente qué debe hacerse para obtener la respuesta, que generalmente es un número. Algunas veces es el maestro quien lo convierte en insinuatorio cuando agrega comentarios o nuevas preguntas mientras da lectura al texto junto con los alumnos.

- Se utilizan los "problemas prácticos" como argumento universal, muchas veces no pertinente, para dar respuesta a la constante pregunta de los estudiantes acerca del "para qué sirve" del tema que están estudiando.

Ante una serie de situaciones como las mencionadas, encontramos alumnos con una visión de que, en la solución de problemas, se trata:

a) de encontrar la respuesta correcta, que será sancionada por el maestro;

b) de resolver series de problemas similares a los propuestos como ejemplo, por lo tanto, de acertar a encontrar de qué tipo de problema se trata y resolverlo; y todavía más preocupante:

c) de una actividad en la que sólo pueden tener éxito unos cuantos, con la consiguiente implicación en los aspectos de seguridad en sí mismo, de autoestima y de actitud hacia las matemáticas.

La serie de situaciones antes descritas, aunque no representativas de la totalidad de los casos (afortunadamente existen clases de matemáticas realmente generadoras de procesos sumamente ricos en relación con la solución de problemas), sí prevalecientes en un gran número de ellos, justifica, sin lugar a dudas, una serie de reflexiones acerca de la temática que nos ocupa: cuándo, cómo y para qué resolver problemas en la enseñanza de las matemáticas.

Algunos conceptos clave

En este momento cabe precisar algunos conceptos que son centrales en este trabajo: el de situación problemática y el de problema, ambos ubicados en el marco de la resolución de problemas en el aprendizaje y en la enseñanza de las matemáticas.

En la tendencia tradicional los problemas se consideraban como enunciados en los que aparecía una pregunta y se esperaba que el niño, con papel y lápiz, llevara a cabo, con el algoritmo convencional, una o varias operaciones para encontrar un resultado, generalmente un número". En otra perspectiva de la resolución de problemas, asumida en el enfoque de los nuevos planes y programas para la educación básica (1992), y compartida por diversos grupos de investigadores de la enseñanza de las matemáticas en los diferentes niveles educativos, el problema tiene un sentido más amplio, "corresponde a situaciones ricas que le permitan al niño (al educando) usar los conocimientos adquiridos y desplegar diversos recursos, de tal manera que se promueva la construcción de nuevos conocimientos. En esta perspectiva, la resolución de una situación problemática no siempre tenía con una cantidad"', no siempre tiene una respuesta única y admite, desde luego, la utilización de diversos procedimientos para llegar a una solución.

El planteamiento de que al concepto de problema puede asociársele un sentido diferente al utilizado tradicionalmente, nos permite introducimos a la interpretación de un esquema presentado por Charnay (1988), a partir del cual pueden distinguirse:

DIVERSAS POSICIONES RESPECTO A LA UTILIZACIÓN DE LA RESOLUCIÓN DE PROBLEMAS

a) El problema como criterio del aprendizaje.

Desde esta posición se asume que el mecanismo para aprender matemáticas abarca una etapa de adquisición, que se da a través de las lecciones, especialmente de la explicación del profesor, y una etapa de ejercitación en la que el estudiante, además de asimilar lo aprendido en lo que a procedimientos o algoritmos se refiere, podrá utilizar el conocimiento en la solución de problemas. Por su parte, cuando el alumno pueda realizar esta última tarea, el maestro podrá contar con un criterio para evidenciar lo que el alumno ha aprendido.

Esta posición va de la mano con la tendencia a presentar "problemas tipo" que aumentan gradualmente de dificultad, a los que el alumno puede recurrir cuando se le plantean nuevos problemas. Este modelo es fácilmente reconocible en los manuales clásicos de matemáticas y en la vida cotidiana de muchas aulas, conforme a la recuperación de la experiencia que se describió en párrafos anteriores. Es quizá una forma de dar vida a principios que se consideran válidos de por sí: "ir de lo fácil a lo difícil, de lo concreto a lo abstracto", pero que mal entendidos pueden propiciar una sobreprotección intelectual que limita el desarrollo del alumno propiciando de manera paralela muchas de las consecuencias antes descritas.

b) El problema como móvil del aprendizaje.

Desde esta posición se asume que el planteamiento de situaciones basadas en lo que el alumno vive es la motivación por excelencia para que éste se interese y se involucre en el aprendizaje. Así, ante la demanda del alumno de tener acceso a conocimientos funcionalmente útiles, se da el aporte (generalmente proveniente del maestro) de los conocimientos necesarios para responder a una situación determinada; éstos se practican, se ejercitan, y su dominio permite al estudiante otorgar un nuevo significado a la resolución de problemas, mismo que se caracteriza por ser el de una respuesta a "necesidades sentidas", pero también por resignificar nociones que ya tenía, por ejemplo, cuando descubre que sumar no siempre significa "aumentar", al descubrir la adición de números negativos.

Con toda su riqueza, esta estrategia se ve condicionada, en muchas ocasiones, por el hecho de que las situaciones naturales son a menudo demasiado complejas para permitir al alumno construir por sí mismo las herramientas y, sobre todo, demasiado dependientes de lo ocasional para que sea tenida en cuenta la preocupación por la coherencia de los conocimientos4.

Parcialmente, el enfoque alternativo al que se hizo alusión en el apartado anterior tiene un importante apoyo en la utilización de las situaciones problemáticas presentes en la vida cotidiana; sin embargo, no abandona el surgimiento de éstas a la oportunidad de aparición de hechos que las originen espontáneamente; recurre también al diseño intencional de las mismas para poder controlar factores como la complejidad, el que los alumnos cuenten con antecedentes que les permitan resolverlas, etcétera.

c) El problema como recurso de aprendizaje.

Desde esta posición, la resolución de problemas tiene la función de ser fuente, lugar y criterio de la elaboración (construcción) del saber. El alumno es "puesto en acción" al plantearle una situación problemática (en el sentido explicado antes), para la cual busca un procedimiento de solución. Dicha situación es tal que, partiendo de lo que ya conoce, y utilizando todos los recursos a su alcance, el estudiante puede idear diferentes procedimientos para obtener una solución, ponerlos a prueba para descubrir cuál o cuáles le permiten obtener una solución válida, e inclusive probar la eficacia de un procedimiento en situaciones similares o en nuevas situaciones con diferentes obstáculos.

Al llegar a este punto, el alumno habrá construido una forma de resolver ciertos problemas, por ejemplo, los de reparto proporcional, quizá utilizando un procedimiento más largo o más complicado que el convencional, pero tendrá una idea clara de por qué y para qué lo utiliza, teniendo además la motivación que da el descubrimiento de un conocimiento por sí mismo, en interacción con otros. En consecuencia, cuenta con una nueva herramienta para resolver problemas, misma que puede ser confrontada y analizada en reflexión grupal a través de la cual el maestro puede propiciar el acceso al conocimiento de los procedimientos y del lenguaje convencionales, evidenciando las ventajas que éstos tienen, tales como economía de tiempo, de trabajo, y sobre todo, la construcción de un lenguaje común que se va estableciendo en relación con los conceptos y los procesos matemáticos.

A esta etapa del proceso pudiera llamársele, de acuerdo con la propuesta de Chamay (1988) de "institucionalización" del conocimiento construido, en tanto que, una vez formalizado, puede ejercitarse aplicándolo a la solución de otros problemas, ejercitación que, en este momento, puede convertirse en criterio del aprendizaje para el maestro y en resignificación para el alumno, tanto de la actividad de resolución de problemas, como de la nueva dimensión de nociones y/o procedimientos que antes manejaba, en todo lo cual encuentra un nuevo sentido, además de la motivación que surge de acceder al conocimiento por medio del descubrimiento. Es posible notar cómo el problema, visto desde esta posición, es realmente fuente (móvil) y lugar para la construcción del conocimiento matemático, y a su vez, criterio para evaluar si ha ocurrido el aprendizaje deseado.

La resolución de problemas interviene entonces desde el comienzo del aprendizaje, pero para que realmente éstos puedan ser fuente y lugar para la elaboración del saber matemático, necesitan ser cuidadosamente elegidos por el maestro, dado que se trata, por una parte, de situaciones en las que puede manejarse con los conocimientos previos que tiene, y por otra, del planteamiento, dentro de ellas, de un reto que los lleve más allá de lo que han realizado hasta el momento, y que a la vez sea un reto alcanzable.

Así, la resolución de problemas cuidadosamente elegidos y/o diseñados por el docente se convierte en la mediación por excelencia para que el alumno construya su saber en interacción con sus compañeros y maestro.

El examen de las diversas maneras de entender la resolución de problemas abre dimensiones en relación con:

LOS OBJETIVOS DE LA ACTIVIDAD DE RESOLUCIÓN DE PROBLEMAS.

Pueden destacarse entonces:

a) Objetivos de orden metodológico, entendidos como el aprendizaje de formas de abordar una situación problemática, de generar alternativas de solución conjugando lo que ya se conoce, indagando, ensayando, descubriendo, investigando para llegar más allá de lo que ya se conoce. En otras palabras, el aprendizaje de métodos para realizar la actividad de resolución de problemas.

b) Objetivos de orden cognitivo, entendidos como la intención de propiciar la construcción de conceptos y el descubrimiento de procedimientos a través de la actividad de resolución de problemas, así como la ampliación o resignificación de conceptos y procedimientos ya conocidos.

Desde luego que los dos tipos de objetivos mencionados, en la forma en que son descritos, corresponden a una visión coincidente con la posición que ubica la resolución de problemas como recurso de aprendizaje (que es la visión sustentada por los nuevos planes y programas de educación básica, y en consecuencia, por los libros de texto correspondientes) y que tienen tras de sí una serie de:

SUPUESTOS QUE SUSTENTAN LA RESOLUCIÓN DE PROBLEMAS COMO RECURSO DE APRENDIZAJE

La resolución de problemas como recurso de aprendizaje, visión equivalente al llamado enfoque de solución de problemas, parte de asumir que:

- La matemática es un "campo de conocimiento dinámico, no acabado, que se crea y recrea constantemente" 5, y en cuya creación se participa de manera especial en la resolución de problemas.

- “Los conocimientos no se apilan, no se acumulan, sino que pasan de estados de equilibrio a estados de desequilibrio, en el transcurso de los cuales los conocimientos anteriores son cuestionados. Una nueva fase de equilibrio corresponde entonces a una fase de reorganización de los conocimientos, donde los nuevos saberes son integrados al saber antiguo, a veces modificado" 6.

- La acción, no sólo la que consiste en manipular objetos materiales, sino la que responde a una finalidad problematizada y que genera una dialéctica pensamiento acción, es fundamental en la construcción de conocimientos.

- "Sólo hay aprendizaje cuando el alumno percibe un problema para resolver, es decir, cuando reconoce el nuevo conocimiento como medio de respuesta a una pregunta...., lo que da sentido a los conceptos o teorías son los problemas que ellos permiten resolver". Es el conflicto cognitivo que se crea cuando el alumno descubre situaciones en las que se le plantea el reto de rebasar los límites de sus conocimientos anteriores, lo que le obliga a elaborar nuevas herramientas.

- "Las producciones del alumno son una información sobre su estado del saber", y como tales, son un elemento valiosísimo a tomar en cuenta como punto de partida de una intervención didáctica; el acierto o el error en sus producciones pueden ser igualmente suscitadores del análisis, de la confrontación, de la argumentación, de la interacción con su gran valor formativo y, finalmente, de la construcción del conocimiento matemático.

No es difícil reconocer planteamientos de Piaget en los supuestos antes mencionados, y quizá tampoco lo sea optar por considerar que la visión de resolución de problemas como recurso de aprendizaje representa una valiosa alternativa en la enseñanza de las matemáticas; sin embargo, conviene considerar las:

IMPLICACIONES DIDÁCTICAS DE UNA OPCIÓN POR EL ENFOQUE DE RESOLUCIÓN DE PROBLEMAS COMO RECURSO DE APRENDIZAJE

Se ha precisado en párrafos anteriores que la posición que concibe la resolución de problemas como recurso de aprendizaje, asume ciertos supuestos relacionados con cómo ocurre la construcción del conocimiento matemático, y por tanto, cómo puede propiciarse.

Sin embargo, el paso de la postura tradicional de comprender la función de la resolución de problemas, a una postura como la que se ha venido planteando, no es mero asunto de opción, como cuando se elige ver una película en lugar de otra; en el terreno de las prácticas educativas, no basta con estar convencido de la bondad de una estrategia, no basta con incorporarla como aceptada al discurso del educador: es necesaria desde una transformación de los esquemas conceptuales del docente hasta una modificación real de las acciones cotidianas que se llevan a cabo en el aula, para que ocurra un cambio real de postura en relación con la resolución de problemas.

Por otra parte, tiene sentido pensar en un docente de matemáticas que "goza su clase" y no que "resiste su clase", como condición previa para cualquier proceso de transformación de su práctica.

Con estas reflexiones como antecedente, se intentará precisar, a manera de propuesta, cómo se organizaría el trabajo, qué tipo de acciones lo constituirían y cuál sería el papel del alumno y del maestro de matemáticas, cuando se ha optado por un enfoque de resolución de problemas como recurso de aprendizaje.

El primer momento tendría que consistir, precisamente, en la presentación de una situación problemática cuidadosamente seleccionada y/o diseñada por el docente, una situación similar a la que los alumnos viven o pueden vivir (en cuanto plantee situaciones no artificiales) en su vida cotidiana, que les sea atractiva por el tipo de cuestionamientos que establece, que les sea clara en sus planteamientos, que suponga un reto que les haga rebasar los límites de su conocimiento actual y que, al mismo tiempo, sea un reto alcanzable por los alumnos que habrán de resolverlo, que les permita recurrir a sus conocimientos previos y, a partir de una utilización creativa de los mismos, desplegar su actividad intelectual y su creatividad, para generar una solución, lo cual supondrá haber "recreado" un concepto o un procedimiento matemático por un camino original, en tanto que fue concebido y puesto a prueba por primera vez, por los estudiantes en cuestión.

El "abordaje" de la situación problemática planteada tendrá como apoyo fundamental la interacción entre los alumnos, el trabajo en equipo donde surjan las ideas y las propuestas de todos los integrantes, que se pondrán a prueba hasta encontrar una solución que satisfaga a todo el pequeño grupo de trabajo.

En el marco de la interacción de los equipos, el maestro propiciaría que los alumnos:

Realizaran una estimación previa de la solución, poniendo en juego diversas estrategias (de cálculo, de medición aproximada, de pensamiento lógico) según la naturaleza de la situación problemática planteada, con la finalidad de desarrollar en los estudiantes la habilidad para anticipar una respuesta posible, no como mero ejercicio de adivinación, sino como un trabajo fino de intuición sustentada en lo que ya conocen.

Expresaran libremente sus ideas en búsqueda de un procedimiento de solución; esto es algo que habrán de realizar todos y cada uno de los miembros del equipo, pues de lo contrario fácilmente se podría caer en una postura cómoda de abandonar la iniciativa en alguno(s) de los miembros.

Ninguna de las ideas propuestas habrá de ser rechazada a priori, ni por el docente ni por los alumnos, aunque resultara prácticamente evidente su no pertinencia para la obtención de una solución; se trataría de que cada una fuera objeto de argumentación a favor o en contra, para que hubiera un proceso de justificación de su uso o de su no uso, inclusive de puesta a prueba de la eficacia de cada procedimiento de solución propuesto.

Es muy probable que, en el transcurso de ese trabajo, se genere más de una vía que conduzca a una solución aceptable; de no ocurrir así, el maestro podría invitar a los equipos a buscar diversos procedimientos de solución y aun diversas soluciones aceptables para la situación problemática propuesta.

Posteriormente vendría una interacción del grupo en pleno, en la que las soluciones obtenidas por los diversos equipos fueran confrontadas en la discusión grupal. En este momento convendría propiciar la reflexión acerca de cuál de los procedimientos que condujeron a una solución aceptable es más económico en tiempo o en trabajo, lo cual podría justificar su adopción como un procedimiento recomendable para la solución de determinado tipo de problemas.

Éste sería momento, también, para la "institucionalización" (en el sentido manejado antes) de los conceptos y/o procedimientos descubiertos por los alumnos, incorporando el lenguaje técnico convencional.

Como puede notarse, esa mirada retrospectiva, que genera un análisis de los procesos que condujeron a la obtención de una solución, es elemento fundamental para el aprendizaje de la resolución de problemas. En contraposición con la concepción tradicional, en la que la tarea de solución de un problema termina con “la obtención de un resultado" para que sea otro, generalmente el maestro, quien sancione si es correcto o no, el enfoque de resolución de problemas como recurso de aprendizaje demanda toda una secuencia de trabajo posterior a la obtención de una solución. Esta secuencia de trabajo implica, además, que los alumnos planteen variaciones de un mismo problema, y diseñen otros problemas que pudieran ser resueltos por un procedimiento similar al que encontraron pertinente en el caso de la situación problemática trabajada, entrenándose así en la formulación de problemas.

En complementariedad con la interacción en pequeños grupos o en el grupo completo, se contempla la necesidad de propiciar también el trabajo individual en la resolución de problemas como ejercitación, tanto de la independencia intelectual necesaria para la búsqueda y análisis de estrategias de solución, como de la capacidad para recuperar procesos intelectuales personales que, en este caso, podría facilitarse con preguntas del tipo ¿cómo pensaste para.....?"

Como habrá podido percibirse, optar por el enfoque de resolución de problemas como recurso para el aprendizaje, demanda del docente una función diferente, en la que la clave de su aportación está, por una parte, en la atinada selección y/o diseño de las situaciones problemáticas que planteará a los estudiantes, y por otra, en una cuidadosa promoción y seguimiento, tanto de los procesos de interacción a través de los cuales los estudiantes generarán soluciones, como de los procesos de trabajo individual orientados a la misma finalidad. Ésta es una tarea que demandará, en ocasiones, largos tiempos de espera, que quizá generará preocupación por ese lento caminar, pero que será de tal riqueza en la formación de los estudiantes que podrá decirse plenamente, a propósito de ella: "despacio que voy deprisa".

A MANERA DE CONCLUSIÓN

La pregunta mencionada como título de este trabajo puede ser respondida de diversas maneras; en su respuesta están implicados supuestos de distinta naturaleza, como se ha hecho notar antes, pero una respuesta desde la perspectiva de la resolución de problemas como recurso de aprendizaje, que es la propuesta en este trabajo, estará dada de la siguiente manera:

CUÁNDO: Desde el inicio del proceso de interacción que se genera entre docentes y alumnos para propiciar el aprendizaje

COMO: Planteando situaciones problemáticas cuidadosamente seleccionadas y/o diseñadas por el docente, y en su caso, por los propios alumnos, que permitan al estudiante usar los conocimientos que ya posee y desplegar sus recursos de manera creativa para llegar a proponer respuestas a la situación planteada.

PARA QUÉ: Para llegar a la construcción del conocimiento, desde la certeza de que aprender matemáticas es hacer matemáticas, y hacer matemáticas es resolver problemas.

Quizá ya es tiempo de modificar nuestra visión de la resolución de problemas; quizá tenemos en el enfoque de resolución de problemas como recurso de aprendizaje la posibilidad de propiciar otra actitud de los alumnos hacia el aprendizaje de las matemáticas, al darles la oportunidad de "hacer matemáticas" a través de la resolución de problemas. Quizá ya es tiempo de que los maestros de matemáticas abandonemos otras rutinas y descubramos, junto con nuestros alumnos, el gozo de crear y recrear, como posibilidad de realización dada, de manera única, al ser humano.

Notas:

1 Roland CHARNAY, "Aprender (por medio de) la resolución de problemas", en Cecilia Parra e Irma Saiz (comps.), Didáctica de las matemáticas. Aportes y reflexiones, Paidós. Buenos Aires, 1994, p. 51.

2 Guía para el maestro. 5o. grado, educación primaria, SEP, México, 1992, p. 11.

3 Ibid., p. 11

4 Roland CHARNAY, op. Cit., p. 57

5 MANCERA y ESCAREÑO, "problemas, maestros y la resolución de problemas", Revista Educación Matemática, Vol. 5, núm. 3, Grupo Editorial Iberoamericana, México, diciembre de 1993.

6 Roland CHARNAY, op. cit., p. 58.

7 Ibid., p. 59.

8 Ibid., p. 60.

Moreno Bayardo, Ma. Guadalupe, (1997). Cuándo, cómo y para qué resolver problemas en la enseñanza de las matemáticas. *Educar, Revista de educación* / Nueva época Núm. 2 / julio -septiembre.

Anexo 4

Traza líneas punteadas para dividir la figura en 4 figuras idénticas y semejantes a la original.

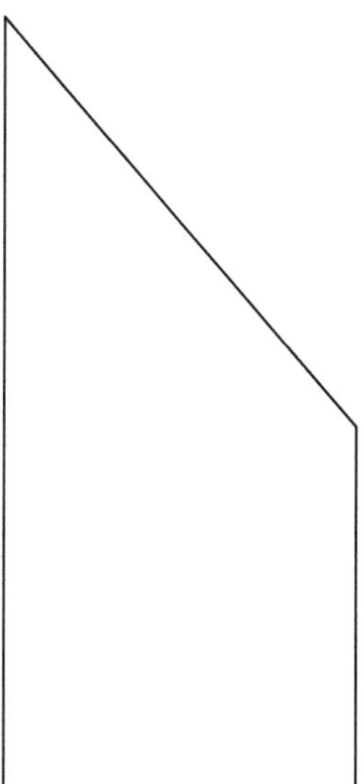

Calendario matemático 2008, martes 19 de marzo

Anexo 5

Conocimiento metacognoscitivo y regulación

Donald Meichenbaum y sus colegas describen la **metacognición** como la "conciencia que tiene la gente de su propia maquinaria cognoscitiva y de su funcionamiento". "Metacognición" significa literalmente cognición sobre la cognición, o conocimiento sobre el conocimiento. Este conocimiento se utiliza para supervisar y regular los procesos cognoscitivos: el razonamiento, la solución de problemas, el aprendizaje, etc. Como la gente tiene distintos conocimiento y destrezas metacognoscitivas, difiere en lo bien y lo rápido que aprende.

La metacognición comprende tres clases de conocimiento: el conocimiento declarativo (que se refiere a uno mismo como estudiante, los factores que influyen en su aprendizaje y memoria, así como las destrezas, estrategias y recursos necesarios para realizar una tarea, es decir, saber *qué* hacer); el conocimiento procedimental (que atañe a *cómo* usar las estrategias), y el conocimiento condicional (que asegura que la tarea se complete y nos indica *cuándo* y *por qué* debemos aplicar los procedimientos y las estrategias).

El conocimiento metacognoscitivo permite regular el pensamiento y el aprendizaje gracias a tres destrezas esenciales: planeación, supervisión y evaluación. La *planeación* implica la toma de decisiones sobre cuánto tiempo dedicar a una tarea, qué estrategias emplear, cómo comenzar, qué recursos obtener, qué orden seguir, qué podemos leer superficialmente y a qué debemos conceder mayor atención, etc. La *supervisión* es la conciencia de "cómo lo estoy haciendo"; esta destreza da lugar a preguntas de este tenor: "¿Tiene sentido?, ¿estoy tratando de ir demasiado rápido?, ¿estudié lo suficiente?" Por su parte, la *evaluación* requiere hacer juicios sobre los procesos y resultados del pensamiento y el aprendizaje. "¿Debería cambiar de estrategia?, ¿debo buscar ayuda o dejarlo por ahora?, ¿está concluido este trabajo (pintura, modelo, poema, plan, etc.)?" La aplicación de estos procesos no es por fuerza consciente, pues puede ser automática, en especial en los adultos. Los expertos en un campo pueden planear, supervisar y evaluar de manera casi natural, y les cuesta trabajo explicar sus conocimientos y destrezas metacognoscitivas.

Referencia

Woolfolk, Anita E. (1999). *Psicología educativa.* México: Pearson Educación.

Anexo 6

Sumatoria

Si $AB = 8cm$, encuentra el valor de $AE^2 + BE^2 + CE^2 + DE^2$

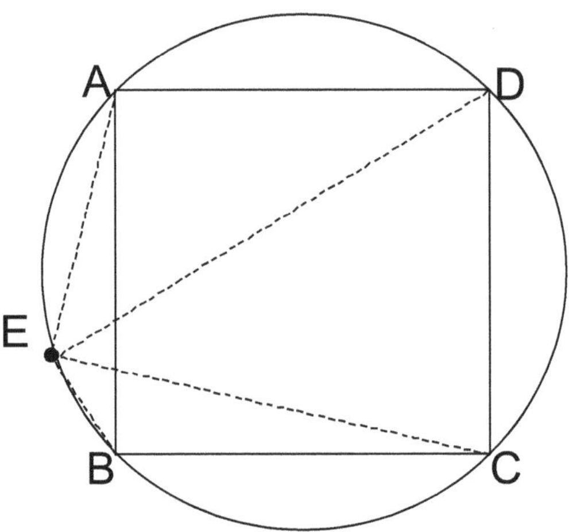

Calendario matemático 2008, lunes 13 de octubre

Anexo 7

Faltante

¿Qué número falta?

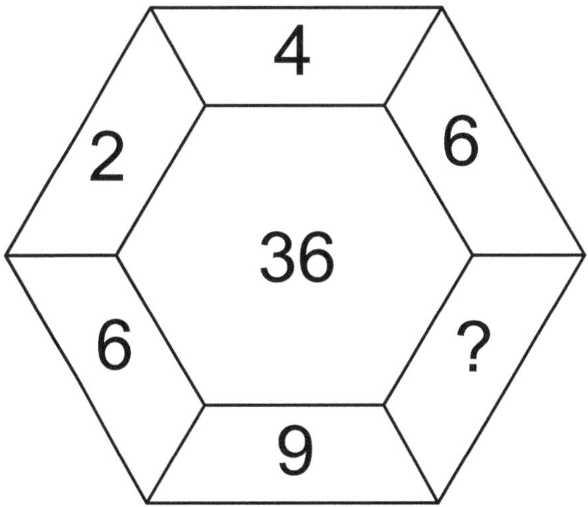

Calendario matemático 2008, miércoles 15 de octubre

- **Anexo 8**

Multiplicación

¿Podrías reconstruir la siguiente multiplicación?

```
       –  –  7
    x  3  –  –
  ------------
    –  0  –  3
    –  1  –
 –  5  –
  ------------
 –  7  –  –  3
```

Calendario matemático 2008, miércoles 21 de mayo

Anexo 9

Evaluación diagnóstica

1. ¿En qué crees que consiste el aprendizaje cooperativo?

2. ¿Has trabajado con esta metodología en tus clases?, ¿sí, no?, ¿desde cuándo?

3. Describe brevemente cómo trabajas con tus alumnos la solución de problemas. En qué haces énfasis, que esperas obtener de ellos, etc.

4. Recuerda una serie de clases que has trabajado y enseguida has una lista con las preguntas que realizaste en ellas.

Anexo 10

Preguntas guía para realizar procesos de metacognición...

... mientras realizo el ejercicio:

- ¿Cómo le voy a hacer?
- ¿Cuál es mi plan?
- ¿Qué características tiene este material/problema?
    - ¿Me he topado con alguno de este tipo antes?
    - ¿Qué me funcionó bien entonces?, ¿qué no funcionó para evitarlo?
- ¿Cómo sabré que he aprendido/solucionado el problema durante el proceso?
- ¿Cómo sabré que me acerco a la meta?
- ¿Cuál es el plan B (si no aprendo/soluciono por este camino, qué voy a hacer?
- ¿Cómo le estoy haciendo?, ¿me estoy acercando a la meta?
- Si me estoy haciendo verbalizaciones negativas (*no puedo, está muy difícil, yo no soy efectivo para esto*), ¿qué debo estar pensando?
- ¿Sigo con este plan o recurro al plan B?
- ¿Estoy siguiendo un esquema rígido?, ¿existe otro camino?
- ¿Es económico en tiempo/esfuerzo lo que estoy haciendo?

... al finalizar el ejercicio:

- ¿Cómo le hice?
- ¿Qué palabras clave usé?
- ¿Qué fases tuvo mi proceso para aprender/solucionar el problema?
- ¿De qué me acordé?, ¿cómo fue que me acordé?
- ¿Qué apoyos externos (notas, diagramas, grabaciones, etc.) fueron efectivos?
- ¿Qué verbalizaciones me hice a mí mismo durante el proceso?

- ¿Me estanqué en alguna parte?, ¿por qué?
- ¿Con qué relacioné el material?
- ¿Con qué índice guardé el archivo?
- ¿Fui flexible?
- ¿Me apegué a una estrategia rígida y poco útil?
- ¿Podría haber hecho algo más fácil/rápido?

Psicología cognitiva. Estrategias en la práctica docente. (Klinger y Vadillo, 1999)

REFERENCIAS

Alberro, A., Bulajich, R., Rechtman, A., Rubio, C., Valdez, R. (2007). *Problemas del calendario matemático 2008.* México.

Arzarello, F., Robutti, O. y Bazzini, L. (2005). Acting is learning: focus on the construction of mathematical concepts. *Cambridge Journal of Education, 35(1)*, 55 -67.

Barwell, R. (2005). Integrating language and content: issues from the mathematics classroom. *Linguistics & Education, 16(2)*, 205 – 218.

Brecht, B. (2004). Pedagogía crítica: diálogo y acción en la crisis de la modernidad. Recuperado el 15 de octubre del 2014 de

https://drive.google.com/a/uabc.edu.mx/folderview?id=0B58hMbT02sp5NzE4MzlyY2UtNjAyNy00ODYwLTg2YWItZTk5MmY4MDQ0ZGE4&usp=drive_web&ddrp=1&hl=es#

Bhola, H. (1991). La evaluación: contexto, funciones y modelos. En *Antología: lecturas para la educación de los adultos.* Conceptos, políticas, planeación y evaluación en educación de adultos. Aportes de fin de siglo. (2000). Tomo II. México: Noriega editores.

De Guzmán, M. (2000). Matemáticas y estructura de la naturaleza. Consultado el 13 de noviembre del 2000 en www.mat.ucm.es/deptos/am/guzman/matyest.ht

Carneiro-Abrahão, A. (2008). El papel de la interacción en el aprendizaje de las matemáticas: relatos de profesores. *Universitas Psychologica, 7(3)*, 711 – 723.

Dekker, R., Elshout-Mohr, M. y Wood, T. (2006). How children regulate their own collaborative learning. *Educational Studies in Mathematics, 62*, 57 – 79.

Díaz, M., Flores, G. y Martínez, F (2007). *PISA 2006 en México*. México: INEE.

Díaz, M. y Flores, G. (2010). *México en PISA 2009*. México: INEE

Esmonde, I. (2009). Mathematics learning in groups: analyzing equity in two cooperative activity structures. *Journal of the Learning Sciences, 18(2)*, 247 – 284.

Falsetti, M. y Rodríguez, M. (2005). Interacciones y aprendizaje en matemática preuniversitaria: ¿qué perciben los alumnos? *Relime, 8(2)*, 319 – 338.

Farmaki, V. y Paschos, T. (2007). The interaction between intuitive and formal mathematical thinking: a case study. *International Journal of Mathematical Education in Science and Technology, 38(3)*, 353 – 365.

Ferreiro, R. (2007). *Nuevas alternativas de aprender y enseñar. Aprendizaje cooperativo*. México: Trillas.

Forero-Sáenz, A. (2008). Interacción y discurso en la clase de matemáticas. *Universitas Psychologica, 7(3)*, 787 – 805.

Freire, P. (1970). *Pedagogía del oprimido.* Madrid: Siglo XXI.

Freire, P. (1973). *¿Extensión o comunicación? La concientización en el medio rural*. México: Siglo Veintiuno.

Freire, P. (1993). *Pedagogía de la esperanza. Un reencuentro con la Pedagogía del oprimido*. México: Siglo Veintiuno.

García, M. (2002) "Razonamiento en matemáticas, un proceso por construir: estrategia metodológica para trabajar con ecuaciones lineales y cuadráticas en el bachillerato intensivo semiescolarizado". Tesis de maestría en educación de la Universidad La Salle Guadalajara. México.

García, M. (2013). *La interacción entre el maestro, los alumnos y el conocimiento en las clases de matemáticas.* México: Umbral digital

Godino, J. (2002). Un enfoque ontológico y semiótico de la cognición matemática. *Recherches en Didactique des Mathématiques, 22(2.3.)*, 237 – 284.

Godino, J., Contreras, A. y Font, V. (2006a). Análisis de procesos de instrucción basado en el enfoque ontológico – semiótico de la cognición matemática. *Recherches en Didactique des Mathématiques, 26(1),* 39 – 88.

Godino, J., Bencomo, D., Font, V. y Wilhemi, M. (2006b). Análisis y valoración de la idoneidad didáctica de procesos de estudio de las matemáticas. *PARADIGMA, XXVII(2)*, 221 – 252.

Gómez-Martínez, J. (2003). La pedagogía liberadora del brasileño Paulo Freire y el hipertexto. Hispania 86.1, 9-16

Giroux, H. (1990). *Los profesores como intelectuales. Hacia una pedagogía crítica del aprendizaje.* Barcelona: Paidós.

Hernández, R., Fernández, C y Baptista, P. (2006). *Metodología de la investigación.* México: McGraw-Hill

Instituto Nacional para la Evaluación de la Educación (INEE) (2005). *PISA para docentes. La evaluación como oportunidad de aprendizaje.* México: SEP.

Instituto Nacional para la Evaluación de la Educación (INEE) (2006). *El aprendizaje del español y las matemáticas en la educación básica en México. Sexto de primaria y tercero de secundaria.* México: INE

Instituto Nacional para la Evaluación de la Educación (INEE) (2009). *El aprendizaje en tercero de secundaria en México. Informe sobre los resultados del Excale 09, aplicación 2008. Español, Matemáticas, Biología y Formación cívica y ética.* México: INEE

Instituto Tecnológico de Chihuahua (itchihuahua), (2016). Uso de valores P para la toma de decisiones. Recuperado de http://www.itchihuahua.edu.mx/academic/industrial/estadistica1/cap02c.html

Jurow, A. (2004). Generalizing in interaction: middle school mathematics students making mathematical generalizations in a population – modeling project. *Mind, Culture and Activity, 11(4)*, 279 – 300.

Klinger, Cynthia, Vadillo, Guadalupe (1999). *Psicología cognitiva. Estrategias en la práctica docente.* México: McGraw-Hill

Koichu, B., & Harel, G. (2007, July). Triadic interaction in clinical task-based interviews with mathematics teachers. *Educational Studies in Mathematics, 65(3),* 349 – 365.

Ledezma, M., Rodríguez, L (2005). La vida cotidiana de los profesores de matemáticas en las aulas de la escuela secundaria. *Educar, Revista de educación, 32*, 65 – 72.

Magali, H. (2004). Caractérisation d'une pratique d'enseignement des mathématiques: le cours dialogué. *Canadian Journal of Science, Mathematics, & Technology Education, 4(2),* 243 – 260.

Marín, A. (2011). Formulación y evaluación de proyectos educativos. Guía de estudio. Universidad Estatal a Distancia (UNED). Costa Rica.

Mitchell, J. (2001). Interactions between natural language and mathematical structures: the case of "wordwalking". Mathematical, *Thinking and Learning, 3(1),* 29 – 52.

Montiel, G. (2005). Interacciones en un escenario en línea. El papel de la socioepistemología en la resignificación del concepto de derivada. *Relime, 8(2),* 219 – 235.

Morales, P. (2012). Estadística aplicada a las ciencias sociales. Tamaño necesario de la muestra: ¿cuántos sujetos necesitamos? Universidad Pontificia Comillas, Madrid, Facultad de Humanidades. Recuperado de

http://www.upcomillas.es/personal/peter/investigacion/Tama%F1oMuestra.pdf

McLaren, P. (1995). *Pedagogía crítica y cultura depredadora: políticas de oposición en la era postmoderna.* Barcelona: Paidós.

Moreno, M. G., (1997). Cuándo, cómo y para qué resolver problemas en la enseñanza de las matemáticas. *Educar, Revista de educación* / Nueva época, 2.

Organización para la Cooperación y el Desarrollo Económicos (OECD) (2012). Programa para la evaluación internacional de alumnos (PISA), PISA 2012 – Resultados para México. Recuperado de http://www.oecd.org/pisa/keyfindings/PISA-2012-results-mexico-ESP.pdf

Planas, N. (2004). Metodología para analizar la interacción entre lo cultural, lo social y lo afectivo en educación matemática. *Enseñanza de las Ciencias, 22(1),* 19 – 36.

Reséndiz, E. (2006). La variación y las explicaciones didácticas de los profesores en situación escolar. *Relime, 9(3), 435 – 458.*

Universidad de Puerto Rico, (UPRM), (2016). 7. Inferencia estadística. Recuperado de http://academic.uprm.edu/eacuna/miniman7sl.pdf

Saw, K., Majid, O., Ghani, N., Atan, H., Idrus, R., Rahman, Z. y Tan, K. (2008). The videoconferencing learning environment: technology, interaction an learning intersect. *British Journal of Educational Technology. 39(3),* 475 – 485.

Secretaría de Educación Pública (1994). *Secuencia y organización de contenidos. Matemáticas. Educación secundaria*. SEP. México.

Secretaría de Educación Pública (1999) *Fichero de actividades didácticas. Matemáticas. Educación secundaria.* SEP. México.

Secretaría de Educación Pública (SEP) (2006a). *Reforma de la Educación Secundaria. Fundamentación Curricular. Matemáticas*. México: SEP.

Secretaría de Educación Pública (SEP) (2007a). ENLACE 2007. Resultados del estado de Baja California. Consulta el 7 de diciembre del 2007 en http://enlace.sep.gob.mx/index.php?option=com_content&task=view&id=117&Itemid=128

Secretaría de Educación Pública (SEP) (2007b). Sitio web ENLACE. Consultado el 10 de diciembre del 2007 en http://enlace.sep.gob.mx.

Secretaría de Educación Pública (SEP) (2010a). Sitio web ENLACE en Educación Básica. Consultado el 1 de junio del 2010 en http://enlace.sep.gob.mx/ba/

Secretaría de Educación Pública (SEP) (2010b). Sitio web ENLACE en Educación Media Superior. Consultado el 1 de junio del 2010 en http://enlace.sep.gob.mx/gr/

Secretaría de Educación Pública (SEP) (2011a). *Programas de estudio 2011. Guía para el Maestro. Educación Básica. Secundaria. Matemáticas.* México: SEP.

Secretaría de Educación Pública (SEP) (2011b). *Plan de Estudios 2011. Educación Básica.* México: SEP.

Secretaría de Educación Pública (SEP) (2012a). Sitio web ENLACE en Educación Básica. Consultado el 19 de septiembre del 2012 en www.enlace.sep.gob.mx/content/ba/pages/estadisticas/estadisticas.html

Secretaría de Educación Pública (SEP) (2012b). Sitio web ENLACE en Educación Media Superior. Consultado el 19 de septiembre del 2012 en http://www.enlace.sep.gob.mx/ms/estadisticas_de_resultados/

Secretaría de Educación Pública (SEP) (2012c). Sitio web ENLACE. Consultado el 03 de octubre del 2012 en http://www.enlace.sep.gob.mx/ba/resultados_anteriores/

Secretaría de Educación Pública (SEP) (2015). Sitio web ENLACE, resultados históricos. Consultado el 20 de enero del 2015 en http://www.enlace.sep.gob.mx/content/gr/docs/2013/historico/02_EB_2013.pdf

Secretaría de Educación Pública (SEP) (2016). *Propuesta curricular para la educación obligatoria 2016.* México: SEP

Steinbring, H. (2005). Analyzing mathematical teaching-learning situations. The interplay f communicational and epistemological constraints. *Educational Studies in Mathematics*, *59*, 313 – 324.

Sinclair, M. (2005). Peer interactions in a computer lab: reflections on results of a case study involving web-based dynamic geometry sketches. *Journal of Mathematical Behavior, 24(1)*, 89 – 107.

Sistema Educativo Estatal (2015). Principales cifras estadísticas ciclo escolar 2015-2016. Consultado 1 de septiembre del 2016 en https://view.officeapps.live.com/op/view.aspx?src=http://www.educacionbc.edu.mx/publicaciones/estadisticas/2016/Matr%C3%ADcula%20en%20el%20Estado/Matricula%20por%20nivel%20educativo.xlsx

Vacca, A. (2011). Criterios para evaluar proyectos educativos de aula que incluyen al computador. *Revista Iberoamericana de Evaluación Educativa 2011, 4(2).* ISSN:1989-0397

Vergara, M. (2005). La enseñanza de las matemáticas: el caso de tres profesores de secundaria. *Educar, Revista de educación, 32*, 73 – 82.

Wilson, L., Andrew, C. y Below, J. (2006). A comparison of teacher/pupil interaction within mathematics lessons in St Petersburg, Russia and the North-East of England. *British Educational Research Journal*, *32(3)*, 411 – 441.

Woolfolk, A. (1999). *Psicología educativa.* México: Pearson Educación.

Young, R. (1193). *Teoría crítica de la educación y discurso en el aula.* Barcelona: Paidós.

Printed by Books on Demand GmbH, Norderstedt / Germany